신은 초등학교 5학년

かみさまは小学5年生

스미레 지음
노부미 그림
이경진 옮김

박영사

스미레를 처음 만났던 날

이 책의 담당 편집자였던 나는

"스미레가 많은 이들에게
전하고 싶은 게 있다면
뭐가 있을까?"

하고 물어보았다.

그러자 몇 달 후 초등학교 5학년인

이 여자아이는

손으로 쓴 〈글자〉와 자신이 쓸 수 있는

모든 〈단어〉를 동원하여

나의 질문에 대답해주었다.

그 편지에는 생각의 무게가 그대로

글로 전해진 듯이

지우개로도 지워지지 않는

여러 번 고쳐 쓴

흔적이 남아 있었다.

저는 태어날 때부터 신과 천
사들과 쭉 대화를 하고 있답니
다.
저는 태어날 때부터 그것이
당연한 일이라고 여겼어요.

하지만 그건 당연한 일이 아니었어요.

엄마는 원래 태어날 때부터 신과 천사들과 이야기할 수 있었지만, 아빠랑 다른 친구들은 그렇지 않았다는 거죠.

그 사실을 깨달은 건 초등학교 2학년 무렵인 거 같아요.

엄마에게 신과 천사들에 대
한 이야기를 했더니 깜짝
놀라시는 거예요.
"어떻게 그런 걸 알게 되었니?"
오히려 제가 더 놀랐어요.
지금까지 저와 마찬가지로 모두
신과 천사들과 당연히 이야기를
나눌 수 있을 거라고
생각했거든요.

그리고 제가 할 수 있는 일은
그뿐이 아니에요.
영혼이 보이기도 하고 배 속에
있는 아가들이 보이기도 하고
또 그 아가들과 이야기를 나눌
수도 있어요.

저는 이 외에도 할 수 있는 게
더 많지만 말로 표현하기가
어렵네요.
하여간 이것저것 할 수 있는 게
많이 있어요.

가끔 주위에서 "스미레는 좋겠다. 그런 일도 할 수 있어서"라고도 하지만 제가 특별하기 때문이라고 생각해본 적은 없어요.

특별하다는 건 모두 마찬가지
니까요.
누군가만이 특별한 건 아니고요.
모두가 특별하답니다!!

태어났다는 사실 자체만으로도
특별한 거죠.
이 세상에 특별하지 않은 사
람은 없다고 생각해요.
몇 번을 반복해서 말하는 이유는
우리 모두는 다 특별하다는 사실
을 알았으면 해서예요.

스미레가 보내 온 편지는 모두 79장이었다.

그 편지를 모두 읽었을 때 나는

이것만은 확신할 수 있었다.

나는 신을 만난 것이다!

그 편지에 쓰여 있는 모든 메시지는
작은 체구에서 나왔지만
우주보다도 방대한 언어였기 때문이다.

신은

초등학교 5학년!

〈스미레 - 저〉

차례

스미레에 대해서

생일 : 2007년 3월 5일
성별 : 여
혈액형 : O형
별자리 : 물고기자리
가족구성 : 아빠, 엄마, 오빠 그리고 스미레

☆ 성격 : 정확한 성격이지만 애교 많은 응석쟁이

☆ 좋아하는 음식 : 피자 (특히 마르게리타 피자)

☆ 싫어하는 음식 : 피망, 파프리카

☆ 잘하는 일 : 노래 부르기

☆ 못하는 일 : 공부, 운동 (배드민턴은 제외)

☆ 좋아하는 과목 : 도덕

☆ 싫어하는 과목 : 도덕 말고 다.

☆ 장래희망 : 노래하는 조산원

☆ 좋아하는 색깔 : 자주

☆ 최근 놀랐던 경험 : 집 천장에서 금가루 같은 게 떨어졌던 일

☆ 하늘나라에서의 직업 : 두 번째 계급의 신

☆ 대화 가능한 상대 : 인간, 신, 천사, 요정, 우주인, 유령, 배 속의 아기, 돌, 물건 등등

☆ 할 수 있는 일 : 아우라를 보는 것, 전생을 보는 것 등

☆ 할 수 없는 일 : 물건을 들어올리거나 유리를 깨트리는 일과 같은 초능력적인 일 등등

내가 알고 있는 세 가지

저는 아우라가 보이기도 하고
신의 목소리가 들리기도 해요.
그런데 많은 분들에게 전하고 싶은 세 가지가 더 있어요.
그것은 바로 엄마 배 속에서의 기억과 전생의 기억
그리고 하늘나라에서의 기억에 대한 일이에요.

엄마 배 속에서의 기억이란 제가 엄마의 배 속에 있었을 때의 일을 말해요.

전생의 기억이란 지금 생 이전의 생이랄까, 바로 환생 전에 있던 일이에요.

하늘나라는 우주의 영혼과 신과 천사들이 함께 생활하는 나라랍니다.

그런데 하늘나라는 한 군데가 아니에요.

다시 말하면 하늘나라 안에 또 다른 여러 나라가 있답니다.

나라의 명칭은 모든 나라가 '하늘나라'라는 같은 이름을 쓰지요.

각 나라를 어떻게 구분하냐면요,

그건 저도 잘 모르겠어요.

그저 그냥 보면 구분이 되니까요.

정말 이상하죠.

하늘나라에서는 신기한 일들이 정말 많아요.

항상 행복한 일들이 일어나요.

하늘나라는 행복 그 자체라 할 수 있죠.

하지만 그렇다 해도 그곳에 착한 하늘나라만 있는 건 아니에요.

아주 못된 신이 사는 나라도 있어요.

그 나라에는 못된 신과 못된 천사와 못된 영혼들이 살고 있지요.

그 못된 신들은 나쁜 짓을 하는 사람을 응원한답니다.

그래도 나쁜 짓을 하다가도 착한 일을 하면

착한 신들이 응원해줘요.

그러니까 지금부터라도 조금씩 착한 일을 해보도록 해요.

그래야 좋은 신들이 우리를 응원해줄 테니까요…….

그렇다면 우리가 할 수 있는 착한 일이란
무엇이 있을까요.
다른 사람을 웃게 해주고
다른 사람의 말을 들어주거나 하는
아주 단순한 일이어도 좋아요.

자신을 지켜주는 신과 천사에게
마음을 다해 기도한다면
신과 천사들도 우리를 응원해줄 거예요.

하지만 좋은 일을 하기 전에
우선 스스로 먼저 웃어 봐요.
억지로 웃는 게 아니라
행복에서 우러나오는
자연스러운 웃음말이에요…….

신은 이런 분이야!

가끔 "신은 어떤 분이냐"는 질문을 받을 때가 있어요.

신도 사람들과 마찬가지로

좋아하는 것도 있고 각자 그분들만의 개성도 있어요.

그중 사람들과 정말 비슷한 건,

신이 정말 재미있다는 것과

사람들처럼 술을 좋아한다는 것이죠.

뭐, 셀 수 없을 정도로 신이 많기 때문에 모두가 그렇다고는 할 수 없겠지만

대부분의 신은 정말 재미있고 술도 엄청 좋아해요!

아니, 그냥 좋아하는 정도가 아니라

진짜진짜 좋아해요! (웃음)

그리고 신이 말씀하실 때 사용하는 단어들은 정말 단순해요.

신은 정말 장난꾸러기예요.
그 때문에 가끔씩 당황스럽기까지 해요.

그리고 아침에는 엄청 늦게 일어나세요.
보통 오후 1시나 되어서야 일어나는 거 같아요.
뭐야, 벌써 아침이잖아! (웃음)

그런 신이라 해도 한 가지만은 확실히 말할 수 있어요.
신은 친절해요.
언제나 우리 사람들을 지켜봐주고 응원해주죠.
비록 장난꾸러기이고 잠꾸러기이긴 해도
언제나 우리들을 보살펴주세요.
그런 분이 바로 신이에요!

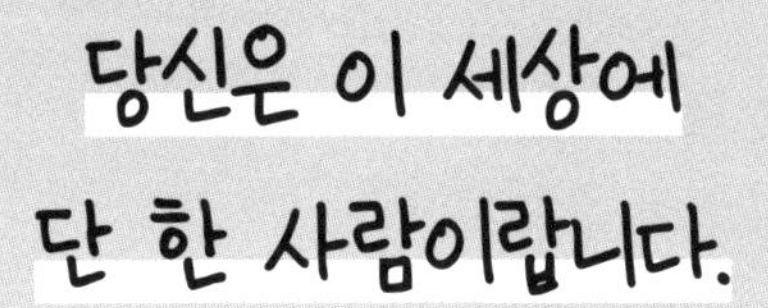

당신은 이 세상에 단 한 사람이랍니다.

여러분은 세상에 단 하나뿐인 존재랍니다.
여러분과 목소리가 똑같은 사람도 없고
똑같은 생각을 하는 사람도 없잖아요?

이 세상에서 우리 한 사람 한 사람은
모두 소중한 보물이에요.

우린 각자 자기만의 생각과 가치를 가지고 있죠.
그런 다양한 생각으로 조금씩
이 세상을 아름답게 가꿔 나가 보는 거예요.
한 사람 한 사람의 힘이 모이면
사실은 엄청난 힘을 발휘할 수 있답니다.

그 한 사람 한 사람이 선한 일을 한다면
그만큼 이 세상은 더욱 아름다워지겠죠.
“나란 존재, 더 이상 필요 없어!” 같은 생각일랑
절대 하지 말아요.
당신은 꼭 필요해요.

제가 말했었죠.
여러분은 이 세상에 단 하나뿐인 존재라고요.
그 단 한 사람이 꼭 필요한 거예요.
당신 말고 다른 사람 100명, 200명이 있어야
무슨 소용이 있겠어요!

그 사람들 속에 당신은 없잖아요?
세상은 단 한 사람인 바로 당신을 원하고 있어요!

아가들은 엄마의 배 속에서
무슨 생각을 하고 있을까요.

저는 배 속에 있는 아가들과 이야기를 나눌 수 있어요.
한 번이라도 만난 적이 있으면 계속해서 연결이 되거든요.

사람들은 "아가들은 배 속에 있을 때 매일 무슨 말을 하면서 지낼까?"라고 물어봐요.
엄마의 배 속에서 아가들은 이런저런 이야기를 한답니다.
예를 들면 "내 이름은 이랬으면 좋겠어"라든지
조금 과학적이지는 않을 수 있겠지만
스스로 자기의 성별을 결정 짓는 아가들도 있어요.

그 외에도
"우리 엄마와 아빠는 여자아이를 좋아할까, 아님 남자아이를 좋아할까?"라며 참 여러 가지 이야기를 해요.

배 속의 아가들은 세상 밖으로 태어나는 것의 즐거움만으로도 잔뜩 기대에 부풀어 이런저런 말을 걸어오죠.

"오늘 엄마 생일이니까 축하한다고 전해줘"라는 아이들도 있고요.

배 속에서 바깥을 볼 수 있으니
엄마에 대해 많은 것을 알아버린 아가들도 있어요.

"와, 오늘은 엄마가 군것질을 하고 계시네(웃음)"라고
웃으며 이야기하는 아가도 있고요.

홈런을 치려 하지 마세요.
그냥 안타만 쳐도 충분해요.

사람들은 홈런을 치려 하면 할수록
실패를 하게 되는 것 같아요.
그러니 안타만 쳐도 충분하다고 생각하세요.

우리들 인생도 마찬가지예요!
물론 홈런을 치지 말라는 건 절대 아니고요.
완벽을 추구하지 않더라도
의외로 행복하게 살 수 있다는 얘기예요.

지나친 완벽은 자신을 괴롭힐 뿐이에요!
조금은 단순하게 인생을 즐겨 보세요.
이제는 좀 행복하게 살아도 되지 않나요?
이제는 당신답게 살아 보세요.

웃는 얼굴은 또 다른
웃는 얼굴을 가져와요.

웃는 얼굴에는 굉장한 힘이 있어요.
누군가 미소를 지으면 금새 주변 사람들도 웃게 되지요.
웃는 얼굴은 웃는 얼굴을 가져와요.
아마 여러분도 이 사실을 경험한 적이 있을걸요.

말로는 자세히 표현하지 못하겠지만
하여간 웃는 얼굴에는 굉장한 힘이 있어요.

그래서 이것만은 말할 수 있어요.
웃는 얼굴은 모두를 행복하게 할 수 있어요.

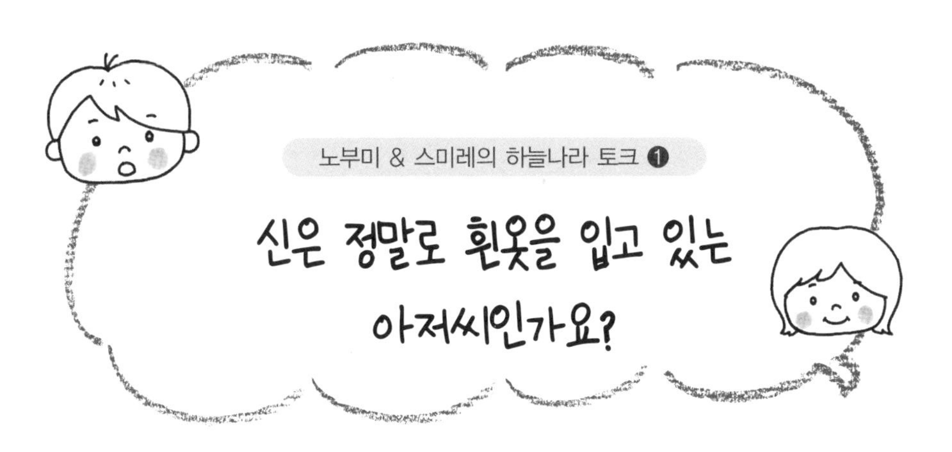

노부미 & 스미레의 하늘나라 토크 ❶

신은 정말로 흰옷을 입고 있는 아저씨인가요?

매일같이 어린이들의 마음과 눈을 맞추려는 그림책 작가 노부미 씨가 스미레만이 알고 있는 하늘 위의 세계의 비밀을 알고 싶어 스미레를 찾아왔다.

노부미 스미레는 이번 생에서의 사람이 되기 전에는 무엇을 하던 사람이었어요?

스미레 신이요, …… 하늘나라에서 신이었어요!

노부미 첫 답변부터 대단한데요? 직업이 신이었다고요? 근데 신이라면 하늘나라에 한 분뿐 아닌가요?

스미레 아니요, 엄청 많아요. 셀 수 없을 정도로. 그리고 신에게도 계급이란 게 있어요.

노부미 허, 그렇게 많다고요, 신이 한 분이 아니라는 사실도 놀라운데 계급이 있다니, 여기 세상식으로 말하자면 마치 '회사'와 비슷하다고 보면 되겠네요. 그런데 그곳에는 신 외에 또 누가 있나요?

스미레 영혼과 천사가 있어요.

노부미 어? 신과 영혼은 뭐가 다르죠?

스미레 뛰어난 신은 아래 계급의 신들에게 여러 가지를 가르쳐요. 영혼들은 그보다 더 아래에 있어서 신이 되기 위해 인간세상인 이 세상에 내려와 수행을 하는 거예요.

노부미 아. 이제야 알겠네요. 그렇다면 하늘나라에서 신들의 계급은 피라미드모양이라고 할 수 있겠네요. 피라미드는 몇 단계로 나뉠까요.

스미레 단계…… 그것도 역시 셀 수 없을 정도로 많아요.

노부미 그렇게나 많아요? 그렇다면 어떻게 크게 나누면 쉽게 이해할 수 있을까요.

스미레 그거라면…… 음…….

노부미 스미레가 속해 있었던 계급은 피라미드로 치면 몇 번째 정도가 되나요?

스미레 두 번째 계급이요. 가장 뛰어난 계급의 바로 다음이요.

노부미 오…… 스미레는 꽤 훌륭한 신이었나 보군요. 근데 두 번째 계급의 신은 한 명뿐인가요?

스미레 아뇨. 두 번째는 두 명이 있죠.

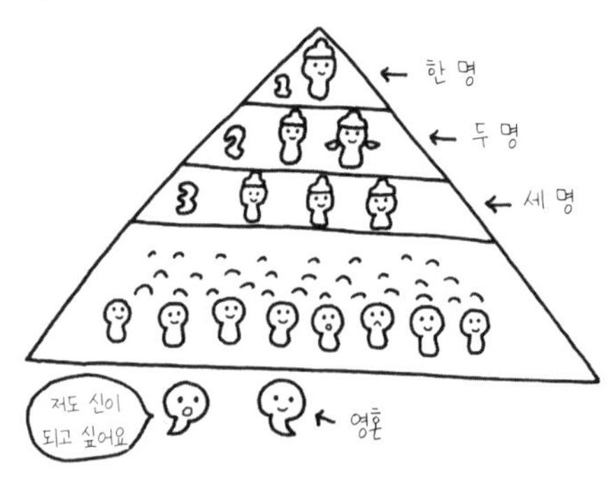

노부미 아, 스미레 말고 한 명이 더 있다는 거네요. 그럼 세 번째는?

스미레 세 번째는 세 명.

노부미 이제야 하늘나라의 원리를 조금이나마 알겠네요. 그러니까 백 번째 계급엔 백 명의 신이 있겠네요.

스미레 아마 그렇겠죠.

노부미 그리고 제일 윗 계급인 위(꼭대기층) 층에는 단 한 명뿐이라는 거고요.

스미레 맞아요. 단 한 명.

노부미 자, 그렇다면 이제는 가장 윗 계급에 있는 그 뛰어난 신에 대해 알고 싶은데 우선 그분의 모습은 어떤가요? 우리들이 흔히 알고 있는 신의 모습은 대개 부숭부숭한 흰 수염을 기르고 번들번들한 대머리에 지팡이 같은 긴 막대기를 들고 다닌다고 알고 있는데 그게 맞는 거예요?

스미레 음…… 조금 다른 거 같아요.

노부미 다르다고요, 그렇다면 우리 사람의 모습을 하고 있긴 하나요?

스미레 하하, 맞아요. 사람의 모습이에요. 대부분의 신들은 금빛 옷을 입고 있어요. 물론 다른 옷을 입을 때도 있지만 금빛 옷을 입는 경우가 많아요.

노부미 흰옷이 아니었네요!
그럼 하의는 뭘 입어요? 물론 아무것도 입지 않는 건 아닐테고.

스미레 바지는 검은색 하카마를 입어요.

노부미 제대로 갖춰 입는군요. 성별은 남성?

스미레 네, 남자들이에요.

노부미 그럼 스미레도 신이었을 때는 남자였어요?

스미레 아뇨, 저는 하늘나라의 유일한 여자 신이었지요.

노부미 우와, 셀 수 없이 많은 신 중에 단 한 명의 여성이었다고요? 아저씨들로 둘러싸여 힘들었을 것 같네요.

스미레 맞아요, 남자신들은 대부분 술고래에, 매일 취해 있기 일쑤고 시끄럽기까지 해서 좀 힘들었어요.

노부미 아, 정말 힘들었겠어요. 그렇게 주변에 술에 취한 신들이 잔뜩 있으면 '오늘 밤 데이트할까'라면서 추근대는 신들도 있지 않았어요?

스미레 그럼 따귀를 때려버려요. 원래 제일 윗 계급의 신은 그런 천박한 말은 하지도 않아요. 그렇게 말하는 건 아래쪽 신들뿐이에요.

노부미 헉, 따귀를 때린다! 그래도 굳이 추근거리면 어떻게 해요?

스미레 그렇게 계속 추근거리면 신의 자격을 잃어버리게 되니 그만두게 해요.

노부미 그런 것도 할 수 있군요. 무섭네요. 결국 다시 영혼으로 돌아가게 한다는 거네요.

스미레 네, 정말 신이 다시 되고 싶으면 수행을 하고 돌아와야 한다는 얘기죠.

노부미 신들도 정말 술을 조심해야겠는걸요. 근데 그렇게 그곳 신의 세계가 남성중심의 사회라면 대부분 수염을 기르겠네요.

스미레 수염이 있는 신도 있고 그렇지 않은 신도 있죠. 그런데 수염을 기르는 신들은 부숭부숭한 흰 수염만 있는 게 아니라 약간 검고 긴 수염도 있어요.

노부미 약간이라면 어느 정도라는 거죠? 콧수염 같은 거? 아니면 목이 덮이는 정도?

스미레 후자인 거 같아요.

노부미 물론 스미레는 여성 신이었으니까 수염도 기르지 않았겠죠?

스미레 물론이죠.

노부미 다행이네요. (웃음) 그리고 신이라면 손에 뭔가를 늘 들고 다니나요?

스미레 그것도 들고 다닐 때도 있고 그렇지 않을 때도 있어요.

노부미 묘하게 현실적이네요. (웃음) 그럼 들고 다닐 때는 주로 뭘 들고 다니나요?

스미레 큰 북이나 지팡이요. 아, 그리고 언제나 모자를 쓰고 다녀요.

노부미 아, 모두 대머리라서?

스미레 아뇨 아뇨. 머리카락은 모두 있어요. 그런데 하늘나라의 규칙이어서요. 머리카락을 절대로 보이면 안 되거든요. 그래서 매일 아침 머리카락 하나도 보이지 않도록 정갈하게 모자 안으로 집어넣어요.

노부미 그 규칙을 어기면 어떻게 되나요? 혼나기도 하나요?

스미레 뭐 특별히 누군가에게 혼나는 건 아니지만 그게 규칙인 거예요. 왜 그렇게 정해졌는지 알 수는 없지만요.

노부미 그런데 하루 종일 모자를 쓰고 있으면 냄새가 나지 않을까요, 모두 아저씨들이라.

스미레 그건 괜찮아요. 머리에 딱 맞게 쓰고 있기 때문에 하루가 지나면 그대로 벗겨지거든요.

노부미 냄새가 나지 않는군요, 통기성이 좋은가 봐요. 혹시 그 모자란 게 다이고꾸사마(일본 칠복신 중 하나)가 쓰고 있는 화려하고 둥글고 가벼워 보이는 그거 아닌가요.

스미레 그렇다기보다 초코송이 과자 같은 모양으로 끝이 조금 뾰족하고 검은…….

노부미 아, 그건 아가들이 잘 쓰고 다니는 고깔 니트 모자에 가까운 거 같은데요.
이제야 신이 어떻게 생겼는지 알겠네요. 그런데 가장 훌륭한 신은 주로 무엇을 하며 지내나요?

스미레 신의 중요한 업무 중 하나는 '○○엄마의 아이로 가고 싶다'는 영혼들의 소원을 들어주는 거예요.

노부미 아, 그 신이 결정권을 가지고 있나 보네요.

스미레 맞아요. 그건 가장 높은 신만 결정할 수 있기 때문에, 그분이 허락하지 않으면 영혼들은 이 세상으로 오고 싶어도 올 수가 없어요.

노부미 신은 이 세상의 엄마들에게 영혼들을 나눠 보내는 일을 하는 분이로군요.

그럼 "○○엄마에게는 갈 수 없다"고 하는 경우도 있나요?

스미레 엄마 배 속의 건강상태가 좋지 않으면 이 세상에 오더라도 아가들이 불행하게 될 가능성이 많기 때문에 그때에는 가지 않도록 해요.

노부미 그것도 상당한 업무량이겠어요. 과중한 업무량 때문에 스트레스로 살이 빠지지는 않나요?

스미레 아뇨, 신들은 오히려 엄청 뚱뚱해요.

노부미 그렇게 바쁜데 살이 찐다고요?
그럼 살을 빼야겠다는 생각은 하지 않아요?

스미레 항상 다이어트 중이에요. 츄리닝을 입고 말이에요.

노부미 츄리닝? 그 줄 세 개가 그려진 그거요?

스미레 맞아요, 그거요. 그것도 핑크나 흰색을 좋아해요. 하지만 정말 우스운 건 너무 살이 쪄서 몸이 잘 들어가지 않고 배도 불룩 나와 있어요.

노부미 아, 진짜요? 그런데 그렇게 다이어트를 매일 하는데 왜 살은 안 빠질까요?

스미레 그건요.

노부미 그건?

스미레 츄리닝을 입고 있는 것만으로도 다이어트 한 것 같은 기분이 들어서 운동해도 3분도 못 버텨서 그래요.

노부미 인간이랑 똑같네요. 다이어트 프로그램을 보고 있을 때에는 '이제 열심히 살 빼야지' 하는데 보고 나면 내용이 하나도 기억이 안 나는 그것!

스미레 '이번에야말로', '이번에야말로'를 반복하지요.

노부미 '신' 제법 인간적인 분이네요. (웃음)

* * *

스미레에게서 받은 편지를 읽고 놀란 점이 있다.

그것은 이 편지의 내용과 그녀가 2년 반 전부터 써 왔던
블로그 글 어느 것 하나와도 모순된 점이 없었다는 점이다.

개인적 경험상 상사나 선생님, 부모님 등
소위 뭔가를 가르치는 입장에서 말하는 것은
생각보다 막 던지는 말들일 때가 많다.

* * *

예를 들면 “이렇게 하는 편이 좋을 것이다”라고
말했던 조언이 며칠 후에는 오히려 정반대의 내용으로
바뀌기도 한다.
이는 어디까지나 그 조언이 그 사람 개인의 의견일 뿐일
수도 있었다는 데 이유가 있을 것이다.

그런 의미에서 말하자면 이 편지는 초등학생인 여자아이가
그때그때 느껴 온 감정을 기록한 감상문 정도가 아니라
그녀 자신이 실제로 경험한 그대로의 사실을 정리한
일종의 리포트일지도 모르겠다.

신과 천사들의 차이

신과 천사들은 인간을 지키는 분야가 달라요.

신은 인간의 몸을 지키고요.
천사들은 사람의 마음을 지켜요.

물론 신도 사람의 마음을 돌보기는 하지만
주로 인간의 몸을 돌보고요.
천사들도 인간의 몸을 살피긴 하지만
주로 마음을 더 보살펴요.

그 차이점은 무척이나 중요해요!
어느 한쪽만 몸을 지켜서도 안 되고
어느 한쪽만 마음을 지켜서도 안 되지요.

정신도 있고 신체도 있어야
한 사람의 인간인 법이지요!
우리 모두는 신과 천사들의 보호 아래 살아가고 있답니다.

신과 천사들이 가장 전하고 싶은 말

신과 천사들이 가장 전하고 싶은 말.

그건 "행복하게 살아야 한다"는 것입니다.

이것이야말로 그들이 인간에게 가장 하고 싶은 말이에요.

무엇보다 행복이 우선이에요.

인생은 행복으로 시작해서 행복으로 끝나야 해요.

웃는 얼굴로 시작해 웃는 얼굴로 끝나야 하고요.

인생의 마지막 역시 후회 없이 하늘나라로 가야겠죠.

그러니 슬퍼하지 말고 행복하게 살아야 해요.

'아~ 정말 즐거운 인생이었어'라고 자신 있게 말할 수 있을 정도로요.

역시, 행복이란 참 좋지요.

사람은 뭔가를 경험하기 위해 살고 있지만

즐겁고 행복하게 살기 위해
이 세상에 내려온 것이기도 해요.

"이제까지의 인생은 그다지 행복하지 않았어"라고 생각했던 분이 있다면 지금부터라도 행복해지세요!
아니 조금씩이라도 좋으니
행복해지기 위해 노력해 봐요!

이것만은 꼭 기억하세요!
'행복하게 후회 없이 살아갈 것'
이것이 당신에게……
아니, 우리 모두에게 주어진 과제 중 하나니까요!

인간은 이 정도가 가장 적당한 거야!

여러분은 '음과 양'에 대해 알고 있나요.

다시 말하면 이런 느낌이랄까요…….

여러분은 '음'이라고 하면 분명 안 좋은 이미지부터 먼저 떠올릴 거예요.

하지만 반드시 그런 건 아니에요.

음이나 양, 모두 중요하죠!

'음'과 '양'은 서로 어우러지고 있어요!

한번 생각해 보세요.

이 세상에 '양'만 있다고 해 볼까요.

주변 사람이 슬퍼할까 봐 선한 거짓말을 하기도 하고

사실은 솔직하게 말해주는 것이 더 좋은데 그렇게 하지 못할 때도 있어요.

사실을 말해줘야 할 때는 '음'이 필요하죠.

다만 '음'만 있었다면 눈치없이 이것저것 말해버려 상황을 뒤죽박죽 만들 수도 있어요.

그럴 때는 바로 '양'이 필요하답니다.

이렇게 '음'도 '양'도 서로 조화를 이룰 때

비로소 인간다운 인간이 만들어지는 게 아닐까요.

그러니까 '음'과 '양' 둘 다 필요해요.

우리 모두는 태어나기 전, 하늘나라에 있을 때
이미 '음'과 '양'에 대해 배웠어요.

누구에게 배웠냐면요,
하늘나라에도 학교가 있잖아요,
그 학교에서 배웠어요.
그 학교는요, 신과 천사들이 바로 선생님들이에요.

"어차피 음과 양은 자연스럽게 생긴 거니까
특별히 신경쓰지 않아도 괜찮겠지"라고
생각하는 사람이 있을지도 모르지만
이에 대해 꼭 배워야 한다고 생각해요.

왜냐하면 "좋은 일만 해야 해"라고 생각하거나
'양'의 일밖에 하지 못하는 사람이 있기 때문이에요.

하지만 우리 인생을 너무 '양'적인 것에만 기대지 않았으면 좋겠어요.

그렇다고 너무 '음'에만 치우치는 것도 좋은 것은 아니고요…….

'음'이나 '양'이나 인간에게는 꼭 필요해요!
'음'과 '양'은 인간에게 없어서는 안 되는 요소예요!

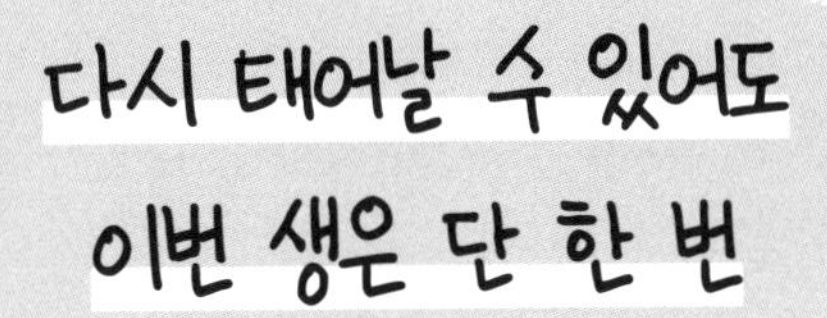

다시 태어날 수 있어도 이번 생은 단 한 번

여러분은 지금 아주 행복한가요?
행복한 사람은 그것만으로도 충분히 좋지만
그렇지 않은 사람은 이대로는 안 돼요.
더욱 행복해지기 위해 노력해야 해요.

우리의 영혼이야 몇 번이건 다시 태어날 수 있지만
이번 생은 단 한 번뿐이잖아요.
그러니 지금 이 순간을 즐기며
행복을 느낄 수 있어야 해요.

왜냐하면 당신은 바로 지금을 살고 있으니까요.

"아~ 이번 생 즐거웠어"라고 말하고
다시 태어날 수 있게 말이에요.

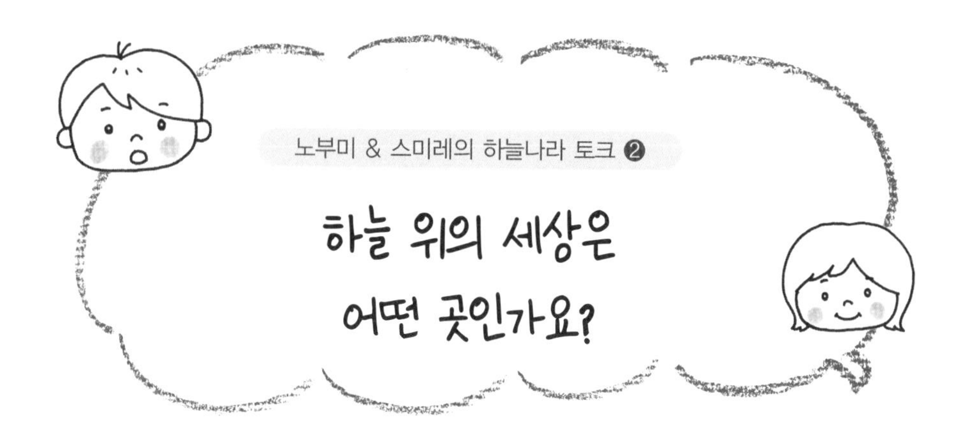

노부미 & 스미레의 하늘나라 토크 ❷

하늘 위의 세상은 어떤 곳인가요?

스미레가 알려준 하늘나라는 상상한 그대로의 부분도, 또 아닌 부분도 있었다.

노부미 스미레, 신이 어떤 분인가에 대해서는 충분히 알게 되었어요. 그런데 '하늘 위의 세상'이라고 하면 소위 '맑음', '흐림'이 있는 그 '하늘'로 이해하면 될까요?

스미레 아뇨, 그것과는 좀 다른 거 같아요.

노부미 그럼 우주와 가까운 곳?

스미레 우주는 신이랑 천사, 그리고 영혼들과 우주인들이 살고 있어요. 우주와 이 세상 사이에 또 하나의 세계가 있는데 그곳이 바로 하늘나라예요. 그곳으로 영혼들이 놀러 오기도 해요.

노부미 그래요? 그런 세상이 있구나(새로운 정보가 너무 많아서 살짝 어질어질하네……).
참, 그럼 우리에게 보이듯 하늘나라에는 구름이 잔뜩 있나요? 아니면 이 세상처럼 소파도 있고 책상도 있나요?

스미레 그런 물건이 있다기보다는 지구처럼 분수나 나무들이 있어요. 그중에서도 특히 자연이 더 많아요. 마치 공원 같은 곳이라고나 할까요.

노부미 아, 정말 이 세상과 비슷한가 보군요. 그럼 혹시 책 같은 데서 흔히 나오는 것처럼 상상하기만 하면 뭐든 얻을 수 있는 그런 건 할 수 없나요?

스미레 아니요, 할 수 있어요. 먹고 싶은 걸 상상하면 삑삑하고 앞에 나타난답니다.

노부미 마치 알라딘의 램프에서 요정이 나타나서 소원을 들어주는 그런 느낌인가요?

스미레 그렇다기보다 그냥 상상하자마자 바로 내 앞에 나타나요.

노부미 우와! 끝내주는군요. 그럼 스미레가 좋아하는 마르게리타 피자도 엄청 먹을 수 있었겠네요!

스미레 네. (웃음)

노부미 그래도 머릿속에 피자의 모습을 딱 정확히 상상하는 것은 어렵지 않나요? 치즈의 양이라거나 도우의 두께라거나. 그러다 보면 생각이 막 엉켜서 오히려 조금 이상한 피자가 나오거나 하지는 않아요? 아니면 동그란 모양이 아닌 다른 모양의 피자가 나온다든지 말이죠.

스미레 아뇨, 어렴풋한 상상만으로도 제대로 된 피자가 제 앞에 짠! 나타나요. 예를 들면 먹다 만 햄버거를 상상해도 제대로 된 햄버거가 나와요.

노부미 음…… 하늘나라라는 곳은 마법의 기준이 꽤 흥미롭네요. 그럼 그곳에서는 어떤 음식이 인기 있나요?

스미레 그때그때 다르긴 한데 지금은 라면이 인기예요! 그리고 아몬드초코도 좋아하고요!

노부미 전부 고칼로리뿐이네요! 그래서 신들이 뚱뚱한가 봐요! (웃음)
그런데 반대로 마법으로 할 수 없는 것도 있지 않나요? 안 먹어 본 음식은 어떻게 돼요?

스미레 먹어 본 적이 없어도 지구를 내려다보면서 보이는 그것을 상상하면 나타나요.

노부미 점점 더 재밌어지네요.

스미레 음, 하지만 상상하지 못하거나 제대로 설명하지

않으면 나타나진 않아요.

노부미 아, 과연 '상상'이 열쇠가 되는군요. 상상으로부터 시작이 되는 거다, 그거네요. 그런데 상상을 했더라도 그것이 혹시 품절이 되거나 하지는 않나요?

스미레 절대 그런 일은 없어요. (웃음)

노부미 엄청 편리하겠는데요! 온라인주문보다 빠르고 확실하잖아요!
그렇다면 차라리 하늘나라에 그냥 쭉 있는 편이 훨씬 편하고 행복하지 않았을까요? 어째서 영혼들은 굳이 이 세상으로 오려 하는 걸까요?

스미레 그건 영혼들의 입장에서 보면 이 세상으로 오는 게 경험치가 올라가기 때문이에요. 말하자면 희노애락이란 것을 이 세상에서만 느낄 수 있기 때문이죠. 이 세상에서 그런 수행을 하다 보면 나중에 하늘나라의 신이 될 수 있어요.

노부미 정말 그럴 수도 있겠네요. 여러 경험으로 다양한 입장을 느낄 수도 있을테니까요. 그런데 하늘나라에 있을 때 스미레도 친했던 영혼이 있나요?

스미레 엄청 많았지요!

노부미 친구들의 이름들을 다 기억하고 있나요?

스미레 그런데 영혼들에게는 이름이 없어요.

노부미 그렇군요. 그럼 이 세상에 와서 이름을 갖게 되는 것도 중요한 경험 중의 하나겠네요.

스미레 맞아요. 그만큼 자신의 이름을 사랑하는 것은 매우 중요한 일이지요! 어떻게 얻은 이름인데요. 아, 참 그리고 또 이 세상과 비슷한 게 있어요. 그건 바로 국가가 있다는 거예요.

노부미 하늘나라에도 국가가 있다고요?

스미레 네. 지구에서의 영국이나 미국과 같이 하늘나라에도 국가가 있어요.

노부미 아, 그렇다면 각 나라마다 '신들의 피라미드'가 존재하나요?

스미레 아뇨, 정식적인 '신 피라미드'는 제일 윗 계급의 신이 있는 국가에만 존재해요. 그리고 이 국가 외의 리더는 가장 큰 국가의 피라미드 계급 중에서 어느 정도 상위의 신들이 맡는 경우가 대부분이죠.

노부미 그러니까 가장 윗 계급의 신이 있는 국가는 말하자면 '본사'이고, 가장 똑똑한 신은 '사장'이 되는 거라고 생각하면 되겠네요? 그리고 다른 나라는 '지사', 지사의 리더는 본사에서 파견된 '지사장'과 같은 구조로 이해하면 되겠죠? 역시 신의 세계는 마치 인간들의 회사의 구조와 비슷하군요.

스미레 하지만 이 세상의 국가들처럼 서로 전쟁을 하거나 하지는 않아요. 모두 사이가 아주 좋지요.

노부미 음, 그건 정말 바람직하군요. 하늘나라는 여러 나라들끼리도 소통이 잘 이루어지나 봅니다! 우리 지구도 하루빨리 그렇게 되면 좋겠네요.

* * *

스미레의 이야기를 듣고 눈물을 흘리며
"아, 살아 있어서 다행이야"라며
돌아가는 사람이 많다고 한다.

"아, 살아 있어서 다행이야"라는 말은 큰 힘을 갖고 있다.

괴로울 때나 슬플 때나 힘들 때나
'산다'라는 행위는 따라붙기 마련이지만
그럼에도 '살아서 다행이야'라고 생각하는 순간,
그 모든 감정을 인정할 수 있기 때문이다.

* * *

괴로워도

슬퍼도

힘들어도

살아 있어서 다행이야.

그런 생각을 하게 하는 힘이

바로 스미레의 메시지에 있는 것이다.

우리 모두는 자신을 선택해서 태어났습니다.

당신은 누구입니까?
당신은 당신입니다.

상대를 흉내내지 않아도 됩니다.
상대가 근사하게 보여도
그를 흉내내다가 당신의 모습이 사라지게 되면 안 돼요!

당신은 바로 당신으로 태어났답니다.

자신을 부끄러워해서 자신을 감추려는 사람도 있어요.
하지만 자신을 감추지 마세요.

물론 누구에게나 자신이 부끄러워하는 부분은 있을 수 있어요.

그게 나쁘다는 건 아니에요.

단지 제가 하고 싶은 말은
자신을 감추지 말라는 거예요!

완벽한 인간이란 어디에도 없답니다.

누구나 못하는 것도 있어요.
하지만 완벽하지 않아도 돼요.
그냥 그대로의 당신으로 충분해요!

운명에 얽매이지 않아도 돼요.

"저의 운명은 무엇인가요?"라는 질문을 들을 때가 자주 있어요.

운명을 말해주고 나면
"이제부터는 반드시 그 운명에 따라 살아가겠어요!"
라고 다짐하지만
반드시 그래야 하는 건 아니에요.

자신의 운명을 아는 것은 매우 중요하지만
그 운명을 반드시 따라야 하는 것도 아니에요.

자신의 인생을 그 운명에만 얽맨다면
지금 생을 즐겁게 살아가긴 어려울 거예요.

제가 얘기했죠?
몇 번을 다시 태어난다 해도
이번 생은 단 한 번뿐이라고요!

물론 스스로가 이번 생을 즐겁게 살아갈 수 있는 방법은
자신이 선택해야죠.
다른 사람이 정해줄 수 없는 일이니까요.

자신을 믿고 인정하세요!

당신은 스스로를 믿고 인정하시나요?

자신을 믿고 인정한다는 것은
의외로 쉬운 일이 아니에요.
쉬울 거라고 생각하다가도
어느 순간 자신을 믿지 못하게 되기도 해요.

그럼에도 불구하고
자신을 믿는 일은 매우 중요해요!

스스로를 믿고 인정하지 않으면
자신을 좋아할 수 없게 되고
자신이 좋아하는 일을 할 수 없게 되죠.

더욱이 상대방마저 믿지 못하게 되어버린답니다.

즉 자신을 믿고 인정하지 않는다는 것은
믿는 법, 인정하는 방법을 모른다는 것이겠죠.

'믿는 법'과 '인정하는 법'은
아무도 가르쳐줄 수 없어요.
사람에 따라 그 방법이 다를 수 있으니까요.

그러니 스스로 배워야 해요.
어려울 거예요.
하지만 어려운 건 누구에게나 마찬가지에요!

시간을 충분히 두세요!
시간은 걸리기 위해 있는 거예요!
시간을 두고 노력해 보세요!

자신을 믿는 법, 인정하는 법을 말이에요…….

살아 있을 때만큼은
그래도 되잖아요.

우리가 살아 있을 때만큼, 좋은 게 어디 있을까요?

장난을 해도 좋고,

바보 같다 해도 좋지 않나요?

바보 같은 게 뭐가 나쁜가요?

장난이 뭐가 나쁜가요?

즐겁게 산다는 게 뭐가 나쁜가요?

지루한 상자에서 벗어나세요.

이제 자유롭게 살아보는 거예요.

마음 가는 대로 살아보세요.

마음껏 즐기세요.

어린아이로 돌아가세요.

그리고 지금부터는 당신이 원하는 대로 살아가세요.

마음속 진심을 들으면 언제나 즐거워요.

여러분, 여러분의 속마음을 들어본 적이 있나요?
때론 무의식 중에 입 밖으로 표현되기도 해요.

예를 들어,
'오늘은 아무것도 하고 싶지 않아'라든지
'회사에 가고 싶지 않아' 같은 것이지요.

이런 속마음은 가급적 따르는 게 좋아요.
물론 '회사에 가고 싶지 않다'는 것은 조금 무리이겠지만
'아이스크림 먹고 싶다'같이,
현실적으로 바로 할 수 있는 일은 되도록 하는 게 좋아요.

마음속 품은 생각을 따르게 되면
우리 몸도 어느 정도 활력을 찾을 수 있어요.

우리 몸이 개운해지고
웃음이 절로 나오기도 하고
스트레스도 사라지겠죠.
스트레스라는 게,
마음속의 욕구를 충족하지 못해 나타나게 되거든요.
물론 그 욕구를 다 충족시킨다는 것은 한계가 있지만,
속마음을 알 수만 있다면 되도록
그것을 따르도록 해보세요.

그럼 매일이 즐거워질 거예요.

자신의 언어는 가장 좋은 특효약이에요.

자신의 언어는
그 무엇보다 강한 특효약이에요.
좋은 의미로도 나쁜 의미로도 특효약.

예를 들면 "사람들이 나를 싫어한다"고 스스로 말하면
진짜 그렇게 되어버리기도 하고
"나는 정말 행복해"라고 말하면
정말 행복해지는 것처럼요.

왜 자신의 언어가 강한지 아세요?
다른 사람에게 "당신은 행복하겠어요"라는 말을 들어도
자기 스스로 그렇게 생각하지 않으면 의미가 없답니다.

결국 스스로 납득을 하냐, 하지 않느냐의 차이겠지요.
자신을 행복하게 할 수 있는 것은
정작 자신이 아니면 할 수 없는 일이니까요.

이것만은 기억해 주세요.
스스로 자신을 행복하게 할 수 있다는 걸.
그리고 자신이 아니면
자신을 행복하게 할 수 없다는 걸.

당신의 이름은 소중한 보물이에요.

당신은 자신의 이름을 좋아하나요?
저는 제 이름이 좋아요.

원래 영혼에게는 이름이 없어요.

그래서 이 세상에 있는 동안 갖게 된 이름을
엄청 소중하게 생각해요.
물론 자신의 이름이 마음에 들지 않는 경우도 있겠지만
왜 싫어하죠?
이름의 한자의 의미가 싫은가요?
그 이름에 안 좋은 기억이라도 있나요?
거꾸로 좋은 기억도 있을 텐데요.

영혼들에게는 이름이 없기 때문에
이름이 갖고 싶어서

이 세상에 태어나는 아이도 있어요.

이름이 마음에 안 들어도
당신이 태어났을 때부터 가졌던 이름은 그거 하나잖아요?

절대로 싫어해서는 안 된다고 말할 수는 없지만요.
조금씩이라도 자신의 이름의 좋은 점을 찾아
보물처럼 여겨주세요.
자신의 이름은
이번 생에서 평생 사용하게 될 테니까요.

다른 사람의 말이 들리지 않는 것은 당연하지요.

사람은 다른 사람이 하는 말이 잘 들리지 않아요.
그건 당연해요!
사람마다 자신의 의견이 분명하기 때문이지요.
이에 반해 자신의 의견이 부족한 사람들은
어떻게 살아야 좋을지 잘 모를 때
다른 사람의 말을 잘 듣는 거예요.

다른 사람이 하는 말이 잘 들리지 않는 게
그렇게 나쁜 것은 아니에요!
왜냐하면 자신의 의견을 가지고
그대로 살아가고 있다는 증거니까요.

대답을 모두 알고 있는 사람

마음을 열고 잘 들어보세요.

분명 당신이 궁금했던 대답을 알려줄 거예요.

왜냐하면 당신을

가장 잘 아는 사람이 바로 당신이기 때문이죠.

당신을 잘 알고 있는 당신이기에

당신이 가장 필요로 하는 답을 알려줄 수 있는 거예요.

행복에서 오는 미소의 힘

여러분은 행복에서 나오는 미소의 힘을 알고 있나요?

행복으로부터 우러나오는 미소는
사실 엄청난 힘을 갖고 있어요.

어떤 힘이냐면요,
행복을 배가하거나
우리 주위에 좋은 사람들을 불러 모아요.

그 외에도 여러 가지가 있어요.

행복함에서 우러나오는 미소는
자신도, 다른 사람도 행복하게 할 수 있어요.

그것이 바로 행복에서 오는 미소의 힘이랍니다.

행복을 이길 수 있는 것은 없어요.

게다가 미소가 힘을 더하는데

이 이상 완벽할 수 있을까요!

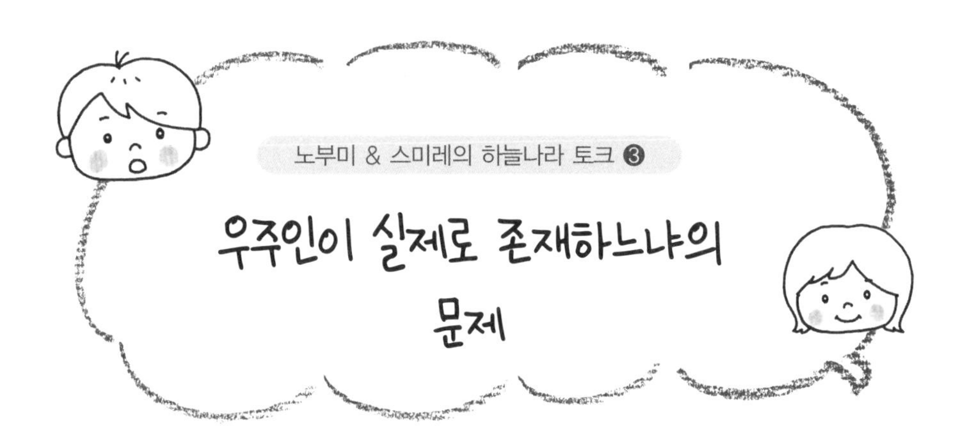

노부미 & 스미레의 하늘나라 토크 ❸

우주인이 실제로 존재하느냐의 문제

우주인에 대한 목격담이 끊이지 않는 가운데 존재의 유무는 어떻게 생각할까? 그에 대해 이야기를 나누다 보니 의외로 거기서부터 인간의 기원이 보이기 시작했다.

노부미 우주인에 대해 많이들 얘기하고 있는데, 우주인이 '인간의 진화판'이라고 하기도 하죠. 이에 대해 스미레는 어떻게 생각해요?

스미레 그건 좀 아닌 것 같아요.

노부미 그래요? 그럼 빨리 그 재미있는 얘기를 듣고 싶네요. (웃음) 일단 외모는 어때요? 우리들이 상상하는 대로 은색 몸에 머리가 크고 눈이 막 부리부리한가요?

스미레 딱히 틀린 건 아니에요. 하지만 우리가 생각하는 것보다는 훨씬 귀여운 면이 있어요. 손은 있는데 손가락은 없고요. 어차피 원격으로 물건을 잡을 수 있기 때문에 손가락이 굳이 필요 없는 거예요.

노부미 ……스미레, 한 가지 더 확인하고 싶은 게 있는데요. 이런 이야기를 이렇게 듣고 있어도 괜찮을까요? 얘기를 나누다 보니 조금 불안해지기도 하고 말이죠. 이런 얘기를 들었다고 혹시 우주인에게 납치되거나 하진 않겠죠?

스미레 아유, 괜찮아요. (웃음) 이런 얘기는 얼마든지 해도 돼요.

노부미 휴, 그렇다면 언급해선 안 될 우주인이 있다는 거네요. 그 얘기는 일단 나중에 하기로 하고요. 음, 우선 신과 우주인의 관계부터 얘기해 볼까요?

스미레 그래요. 그 둘은 일단 서로 대화가 가능해요. 간혹 우주인이 '지구에 가고 싶다'는 생각을 하면 한 번은 영혼이 될 필요가 있으니까 가장 높은 신에게 소원을 빌죠.

노부미 그럼 OK 허락이 떨어지면 영혼이 될 수 있는 거네요. 그러다 다시 '우주인이 되고 싶다'면?

스미레 그건 안 돼요. 영혼도 우주인이 될 수 있는 기회가 단 한 번밖에 없거든요.

노부미 아, 근데 그것도 다시 영혼으로 돌아갈 수는 없겠네요.

스미레 맞아요, 돌아갈 수 없죠.

노부미 우주인이라 하면 이 세상의 책에 자주 등장하는 바샤르(Bashar) 씨가 하는 말이 진짜인가요?

스미레 그 사람 정말 대단한 거 같아요. 그 사람이 말하는 거 모두가 사실이에요.

노부미 그런데 이를테면 신의 말씀을 옮겨 적은 것은 아니겠죠?

스미레 음, 그 아저씨가 말하는 것은 우주인의 말, 즉 우주인끼리 주고받는 대화예요.

노부미 아, 점점 더 우주인이라는 것이 알기 어려워지는데요! 그런데 스미레, 아까 우주인이 인간의 진화판은 아닌가 하고 물어봤던 적이 있잖아요? 사실은 그런 질문을 한 데는 이유가 있었는데요, '인간이 원숭이로부터 진화되었다'는 이야기가 있잖아요.

스미레 네.

노부미 하지만 그게 지어낸 이야기일지 모른다고 초등학교 때부터 생각해 왔던 거 같아요! 그리고 진화론의 과정을 그린 삽화를 보면서 원숭이에서 인간이 되었다고는 생각하지 않게 됐어요. 왜냐하면 진화론의 과정을 그린 삽화를 봐도 원숭이에서 인간이 되었다고는 납득이 안 되었거든요. 인간은 털도 빠지고 신발을 신고 옷을 입지 않으면 안 되게 되었고 근력도 줄어들면서 어떻게 보면 진화가 아니라 퇴화한 것 같아서요. 아, 그런데 대답을 듣기 전에 이거는 얘기해도 되는 건가요?

스미레 얘기해도 되긴 하는데요, 사실은 인간의 진화는 원숭이로부터 시작된 게 아니에요.

노부미 **그렇죠? 맞아요. 동물원에 있는 원숭이가 어떻게 진화해서 인간이 되었겠어요!**
최근 과학계에서도 최초의 인류의 조상이라고 일컬어지는 오스트랄로피테쿠스나 자바원인이 전혀 다른 종이었다는 사실이 밝혀지기도 했죠! 교과서에 있는 오스트랄로피테쿠스는 아무리 봐도 그냥 원숭이니깐요.

스미레 네. 원숭이는 원숭이, 인간은 인간.

노부미 그렇긴 해도, 그렇다면 인간은 어디에서 시작되었을까요……?

스미레 위에서 내려온 거죠.

노부미 전송된 것처럼?

스미레 네. 물론 아가들이 먼저 오더라도 제대로 성장하지 못하고 죽을 수 있기 때문에 어른부터 온 거예요.

노부미 뭐라고요? '달걀이 먼저냐 닭이 먼저냐' 처럼 '아가가 먼저냐, 어른이 먼저냐' 같은 얘기네요! 그럼 하늘에서 인간을 보낸 자들은 우주인인가요, 아님 신인가요?

스미레 신이에요.

노부미 몇 명 정도 내려왔나요? 물론 혼자오지는 않았겠죠.

스미레 50명 정도?

노부미 인간의 초기멤버가 한 클래스 정도네요. 하지만 이 세상에 오자마자 바로 늑대 같은 맹수들에게 잡아먹혀 버리거나 하진 않았나요? 인간은 동물의 입장에서 보면 잡아먹기 쉬워 보이지 않았을까요, 털도 없고 말이에요.

스미레 그건 안심해도 돼요. 그들은 특별했으니까요. 신이 지켜주시고. 신과 대화도 가능했어요.

노부미 남녀비율은 어느 정도였나요?

스미레 비슷했지만 여자가 조금 더 많았어요.

노부미 역시 그때나 지금이나 여자가 세서 그럴 거예요. 이 세상에는 여러 나라가 있는데 그중 아담과 이브, 이자나기와 이자나미(일본의 조상)처럼 각국의 조상을 합하면 진짜 50명이 되겠는데요……?

스미레 (웃음)

노부미 아유, 스미레, 그 웃음은 또 뭐예요!
근데 다시 한 번만 더 얘기해줘요, 이거 진짜 내가 들어도 되는 얘기 맞긴 맞아요?

* * *

태내기억.
태내기억이란 아가들이 이 세상으로 내려오기 전의 기억이나
엄마 배 속에 있었을 때의 기억을 말한다.

대부분의 사람들은 이러한 기억들을
태어난 지 얼마 지나지 않아 잊어버리고 만다.
하지만 스미레는
하늘 위의 기억과 엄마 배 속에서의 기억을 간직한 채
10살까지 자랐다.

* * *

그런 그녀가 가르쳐준 것은
아가들은
하늘나라에서 '엄마를 선택할 자유'를
가졌다는 것이었다.

다시 말해 '선택할 자유'를 가졌다는 것은
아가들이 선택한 그 엄마에게서
태어나고 싶어 했다는 것이다.

스미레가 말하길,
예외는 없다고 한다.

엄마로 선택된다는 건
정말 대단한 일이지요!

엄마로 뽑힌다는 것은 엄청 대단한 일이에요.
생각해 보세요.
이 세상엔 엄마와 아빠가 수억 명, 아니
그보다 셀 수 없을 정도로 많은데
그중에서 한 사람의 엄마로 선택된다는 거예요.
그게 얼마나 멋진 일이겠어요.
셀 수 없이 많은 엄마들 중에서
선택된 엄마라니 얼마나 멋져요.

제가 아가들에게
"왜 그 엄마를 선택했어?"라고 물으니

"예쁘니까."
"착할 것 같아."

라고 답하는 아이들도 있더군요.

하지만 결국 가장 마지막에 하는 말은 모두 같았어요.

"한눈에 저 분이 우리 엄마 같았어."

아가들이 엄마를 선택한 이유는 그렇게 많지 않아요.

물론 이것저것 많은 이유를 대는 아이도 있지만

대부분은 그렇게 많지 않아요.

단지 한눈에 '우리 엄마 같아'라고 말할 뿐이었어요.

신이나 천사들이 늘 그렇게 얘기했거든요.

'엄마를 고를 때는 자신의 엄마라고 느껴지는 분으로 정하라'고.

아가가 선택한 엄마들.

당신은 세상에 단 한 사람이에요.

당신은 그 아가들이 선택한 거랍니다!

엄마의 웃는 얼굴이 바로 아가의 영양분

배 속에 있는 아가들은
엄마의 웃는 얼굴을 매우 좋아해요.
왜냐하면 배 속의 아가들에게 엄마의 웃는 얼굴은
바로 영양분이 되기 때문이죠.

물론 억지로 웃는 웃음이 아니라
행복함에서 우러나는 웃음말이에요.

엄마가 웃을 때
배 속은 오렌지빛의 따뜻함이 감돌고
아가들의 몸도 건강해져요.
그러니 아가들은 엄마의 웃는 얼굴을 좋아하죠.

밥보다도 엄마의 웃는 얼굴이
필요하다는 아가들도 많아요.

웃는 얼굴이야말로
밥보다 아가들의 몸을 건강하게 만드는
가장 좋은 특효약이니까요.

엄마를 위한 하늘 위의 응원단

엄마들이 가끔
'나는 왜 아가에게 선택받지 못했지?'라고 묻곤 해요.

아가들이 선택하긴 했지만
엄마에게로 갈 수 없는 경우도 더러는 있어요.
거기에는 다 이유가 있어요.
물론 여러 이유가 있지만요.
그중 가장 많은 이유는 엄마 배 속의 상태가
아가를 받을 준비가 안 되어 있거나
엄마가 '아가를 갖고 싶다'고 해도
마음 속 어디선가 약간 망설이거나
사실은 갖고 싶지 않다는 생각을 하게 되면
아가들은 그것을 금세 알아차리고 말아요.
결국은 '가지 않겠다'라고 선택하는 아가들이 있는 거죠.

하지만 그 엄마를 좋아해서 선택했기 때문에
엄마 곁에 가지 못해도
여전히 하늘나라에서 신과 함께
엄마를 응원하고 있어요.

이것만은 잊지 말았으면 좋겠어요.
당신은 하늘나라에
가장 파워풀한 응원단을 갖고 있다는 사실을요.

말하지 않아도 알아요.

아가들이 엄마에게 어떤 말을 전하고 싶은지는
물론 아가들에 따라 다르기도 하고
그때그때 다르기도 해요.

하지만 아가들은 엄마가 알아채지 못할 때도
자기들의 기분을 전하고 싶어 해요.

예를 들면 자기가 갖고 싶은 것을 살짝 가리키기도 해요.
그런데도 주변 사람들이 그걸 미처 알아주지 못하기도 해요.
그러니까 아가를 잘 살펴봐주세요.
그러면 아가가 뭘 원하는지 알 수 있을지도 몰라요.

그런데 혹시 아가들이 직접 알려주지 않는다면,
아가들에게
'뭐가 갖고 싶을 때는 손가락으로 가리키거나 해서
엄마 아빠가 알기 쉽게 가르쳐줬으면 좋겠어요.'라고
말해주면 좋아요.
아가들도 어른들이 말하는 것을
잘 이해하고 있으니까요.

말한 것을 다 해주지 않더라도
무슨 뜻인지 제대로 이해하고 있어요!

인간의 감정은 여러 가지 빛깔

사람의 감정은 빛깔이에요!

생뚱맞게 들릴지 모르지만 한 번 생각해 보세요.
분노를 생각하면 뭐가 떠오르세요?
저는 빨간색이 떠오르고 또 무거운 느낌도 들어요.
보세요. 이것도 색이지요?

그럼 슬픔은 어떤 느낌일까요?
저는 약간 창백하고 푸르스름한 느낌이 드네요.
어머나, 이것도 역시 색이잖아요.

아마 여러분도 그런 느낌이 아닐까요?
사실 여러분은 모두
감정을 색으로 표현할 수 있다는 사실을
알고 있을 거예요.

‘나는 잘 모르겠는데’라고 말할 분도 있겠지만
사실은 이미 알고 있을걸요.
다만 알고 있다는 사실을 깨닫지 못할 뿐이지요.

인간은 여러 가지 감정의 색을 갖고 있어요.
이미 태어날 때부터요.
아니, 배 속에 있을 때부터일까요.

괴로움도 행복이랍니다!

인생은 모든 게 행복입니다.
괴로움도 행복이란 말이지요!
애초에 괴로움이란 게 뭘까요?

인간은 행복하게 즐기기 위해 살아가고 있는데
괴롭다고 말하면 어찌하나요!

살아가고 있다는 게 행복이고요!
움직일 수 있는 것이 행복이에요!

이 세상에는 살고 싶어도 살 수 없는 사람이 있고
움직이고 싶어도 움직일 수 없는 사람도 있어요.
그런데 여러분은 이렇게 살아 있고
움직이기도 하잖아요!

그런데도 '괴롭다'고 말하는 것은
너무 사치 아닐까요!

물론 죽을만큼 힘든데도 참기만 하라는 건 아니에요.

하지만 과연 당신이 힘들고 괴로운 인생을 살기 위해
이 인생을 보내고 있는가를
다시 한번 생각해주면 좋겠어요!

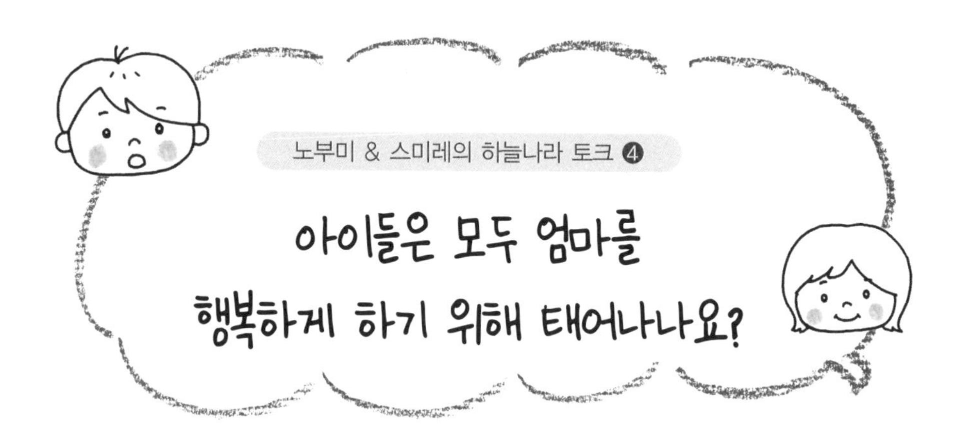

"왜 이 세상에 태어나게 되었니?"라고 많은 아이들에게 물으면 대부분 공통점을 발견할 수 있다. 아이들이 이 세상에 온 목적은 무엇일까?

노부미 이번 주제는 [태내기억]에 대해서니까 스미레의 어머니를 모셔서 스미레가 태어났을 당시의 일에 대해 여쭤보기로 하겠습니다.

스미레의 엄마 안녕하세요.

노부미 어머니, 스미레가 태어났을 때 뭔가 특별한 일은 없었나요? 혹시 하늘나라의 신이었으니까 후광이 비친다든가 하는 그런 거 말이죠.

스미레의 엄마 특별히 그런 일은 없었던 거 같은데요. (웃음) 하지만 태어나기 전부터 뭔가 신기한 일은 있었어요. '내일이 출산 예정일이네~'라고 배 속의 아기에게 말하는 순간 양수가 터져버린 거예요.

스미레 그건 엄마가 "이제 태어나도 좋아"라고 말하는 줄 알았거든요.

노부미 **응? 엄마의 목소리가 들린 거로군요?!**

스미레 그럼요. 전부 다 들리죠. 그래서 바깥으로 나가려고 힘쓰는 순간 양수가 터졌어요.

스미레의 엄마 그때 급하게 병원에 갔는데 담당의사 선생님이 안 계신 거예요……. 그래서 조산원 선생님이 '조금만 기다려주세요'라고 말씀하셨어요. 그런데 그때 갑자기 산통이 멈춘 거예요.

스미레 조산원 선생님이 기다리라고 하니까 기다린 거죠.

노부미 어머나! 세상의 소리를 모두 들을 수 있고 그 말의 의미를 이해할 수 있다는 거네요. 그럼 이런 능력은 스미레만 갖고 있나요?

스미레 아뇨, 아가들은 모두 엄마나 바깥에서 들려오는 목소리는 들을 수 있고요, 대부분 이해할 수 있는 거 같아요. 가끔은 엄마의 배 속에서 나가는 길이 엄청 좁기 때문에 '힘들어!'라고 말하기도 하죠.

노부미 **출산은 엄마도 힘들지만 아가들도 나름 엄청 애를 쓰고 있네요.**

스미레의 엄마 그리고 또 신기한 일은 대부분의 아가들은 태어날 때 '응애'하면서 울잖아요? 그런데 스미레는 태어나는 순간 빙그레 웃으며 '우잉'이라고 말하는 거예요.

스미레 사실은 '안녕'이라고 말하고 싶었는데 말이 잘 안 나와서 '우잉'이라고 말해버린 거예요.

스미레의 엄마 그때 조산사가 '이 아기 숨을 안 쉬네!'하면서 당황해서 아기의 엉덩이를 때리며 호흡을 하도록 했어요. 그랬더니 아기가 '그걸로 움직이겠나'하는 느낌으로 발버둥을 치면서 조산사를 엄청 째려봤어요.

스미레 맞아요, 그때 엄청 아팠어요.

노부미 그리고 드디어 성난 스미레의 몸에서 빛이 났고요?

스미레의 엄마 아까도 말씀드렸지만 빛나지는 않았고요. (웃음) 그리고 조산사가 스미레의 몸을 깨끗이 닦고 타월로 몸을 감싸 저에게 건네주었거든요. 그런데 고 작은 손을 제게 내미는 거예요. 제 배 위에 스미레를 올리니 엉금엉금 저에게로 기어올라와서는 제 젖을 쪽쪽 빨기 시작하는 거예요.

노부미 혼자서요? …… 오우, 스미레, 살려는 의지가 아주 충만했던 모양이네요.

스미레 그냥, 뭐, 배가 고팠어요.

스미레의 엄마 그걸 보고 조산사 분들이 웅성웅성거리기 시작하고 '어머 이것 좀 봐! 이런 아기 처음 보네!'라며 막 놀라셨어요.

노부미 (그렇게 태어나자마자 힘이 넘쳤던) 스미레에게 물어보고 싶은 게 있는데, 아기들은 무슨 이유로 이 세상에 태어나는 거죠? 얼마전에 많은 아이들에게 '무엇을 위해 이 지구에 태어나게 되었나요?'라고 질문을 했는데, 그 대답을 토대로 그림책 한 권을 냈어요.

그랬더니 대부분의 아이들이 '엄마를 웃게 하려고요'라든지, '엄마를 기쁘게 하고 싶어서요'라고 대답을 하더군요.

스미레 맞아요. 근데 어째서 꼭 엄마냐고 묻는다면 역시 인간으로 태어나기 위해서는 반드시 엄마가 필요하잖아요. 그리고 태어나서 가장 먼저 감사를 전해야 하는 사람인 거예요.

노부미 '웃게 하고 싶다', '기쁘게 하고 싶다'는 것은 그 감사 인사를 말하는 거네요. 아기들이 태어나는 방에 들어가 보면 뭔가 말할 수 없는 행복감이 가득 차 있는 거 같아요. 아가들의 특이한 체취가 나기도 하지만 그게 바로 아가가 처음으로 엄마에게 하는 인사가 아닐까요. 그런데 유산 같은 건 어떻게 설명할 수 있나요? 그걸로 기뻐할 엄마는 없을 것 같은데요……. 그것 때문에 엄마들이 슬픔에 겨워 밤새 울거나 힘들어하기도 하잖아요…….

스미레 그건 엄마들을 경험하게 하기 위해서예요.

노부미 경험이라고요?

스미레 인간이란 경험하기 위해 태어나는 거니까요.

노부미 그래도 그리 힘든 경험이 굳이 필요할까요?

스미레 좋은 경험만 하게 되면 정말 자신이 하고 싶은 일을 못 찾을 수도 있어요. 때로는 시련도 필요한 거죠. 인간에게는.

노부미 시련이란 것이 우리에게 무슨 역할을 할까요?

스미레 우리가 살아가면서 간혹 알아차리지 못하는 일이 있기도 하죠. 그런데 아무런 시련이 없다면 정말 그 일이 자신이 하고 싶은 일인지, 알 수 없으니까요.

노부미 과연 그렇군요. 예를 들면 가수가 되고 싶은 사람이 있는데 너무 쉽게 가수가 된다면 감사함이 없어지고 가수를 하고 있는 시간마저 소중하게 여기지 않게 된다 할 수 있겠군요?

스미레 바로 그런 거죠. 힘든 경험은 마음 속의 장막을 걷어 내고 자신이 '정말 하고 싶은 것'을 찾을 수 있게 해 줘요. 그 사람을 시험하는 것처럼요.

노부미 아, 역시 사람이란 확실히 부정적인 상황이나 어려움에 맞닥뜨리면 참으로 여러 가지 생각을 하게 되죠. 그래서 '그만둘 거야, 그만둘 거야' 해도 결국은 움직이기 시작하죠. 만약에 반대로 누가 나한테 '아무것도 안 해도 돼'라고 했다면 팬케이크나 스테이크 같이 좋아하는 음식을 먹고 바로 자고 하면서 정말 아무것도 안하게 되겠죠. 그런 상황이면 뭔가를 하고 싶다는 의지 같은 건 절대 올라오지도 않을테니까요. 음, '어려운 경험'이 필요하다는 게 어떤 건지 이제는 조금 알 수 있을 것 같네요. 그런데 다시 본론으로 돌아가자면, 유산이나 아가들이 밤새 보채는 건 엄마들에게 어떤 경험을 하게 하기 위한 걸까요?

스미레 '지켜주고 싶은' 마음을 경험하기 위해서요.

노부미 엄마가 되면 호르몬이 분비돼서 아가들이 우는 소리에 민감해지게 되는데 아빠들은 오히려 아가들이 우는 소리에도 좀처럼 일어나지 않더라고요. 그건 아빠들에게 그 소리가 들리지 않는다기보다 엄마가 훨씬 잘 들리기 때문인가 봐요.

스미레 그것도 이 아이를 꼭 지켜줘야 한다는 생각이 그렇게 만든 거라 볼 수 있죠.

노부미 이걸 본 엄마들이 모쪼록 밤새 우는 소리에 아빠들이 일어나지 않는다고 너무 나무라지 말았으면 좋겠네요. (웃음)

밤새 보채는 것이 아이를 지켜주고 싶은 마음을 경험하기 위해 필요하다는 사실은 어찌되었건 알게 되었습니다. 그래도 유산은 뭐랄까, 아무리 그래도 그건 너무 슬픔만 가득한 일이 아닐까요?

스미레 그건요, 아가들이 때론 스스로 유산을 경험해 보고 싶어서 세상에 오는 경우도 있긴 있어요.

노부미 뭐라고요? 그렇다면 아까 엄마를 기쁘게 하고 싶어 이 세상에 왔다는 얘기하곤 정반대의 모순된 이야기 아닌가요?

스미레 그래도 유산이란 게 나중에 보면 엄마에게 매우 중요한 경험이 될 거예요. 슬픔이란 것도 살아가기 위해서는 중요한 것이고요, 그리고…….

노부미 그리고?

스미레 사실은 유산돼서 하늘로 돌아가게 돼도 슬퍼하는 아이들은 없어요. 모두 '잠깐이라도 세상에 가 볼 수 있어서 좋았다'라고 말하며 돌아가요.

노부미 아, 그렇게라도 이 세상에 와 보는 것이 하늘나라 아가들에게는 즐거운 일이었나 보군요!

스미레 엄청 좋아하죠!

노부미 그러고 보니 살아 있는 자체가 큰 행운이라는 생각이 드는군요. (웃음)

* * *

나는 스미레가 영화 '신과의 약속'에
출연한 것을 보고
스미레를 처음 알게 되었다.

'전쟁은 절대 안 돼요.'

영화 속에서 그녀는 이렇게 호소했다.
'그래야 모든 사람이 행복하니까요.'
라는 말에 크게 감동 받았다.

* * *

이 세상에는 지금도 많은 '이유'들이 존재하고
어쩌면 그 수가 많은 쪽을
진실이라고 여기게 되기도 하는데
실제로는 어떨까?

'전쟁은 절대 안 된다.
그래야 많은 사람이 행복해지니까.'

Simple is the best.
제발 이 말이
세상 모든 이들에게 전해지길.

원래는 한 명도 빠짐없이 모두가 친한 친구

지금 이 세상은 뿔뿔이 흩어져 있다고 생각해요.
아~주 오래전엔 모두 서로 도우며 살았는데 말이죠.
그리고 사이도 참 좋았어요.
그땐 나라 같은 게 없이 모두 하나였죠.
그런데 이젠 사람들이 모두 제각각 흩어져버렸어요.

물론 국가를 만드는 게 잘못되었다는 건 아니에요.
하지만 국가가 만들어진 후 처음엔 좋았던 사이에서
점점 전쟁이나 다툼이 일어났어요.
국가들끼리 서로 사이좋게 지낸다면
우리의 세상은 훨씬 아름다워질 거라 생각해요.

전쟁은 나쁜 것

'전쟁에 대해 신과 천사들은 뭐라고 말씀하시냐?'는
질문을 자주 받습니다.
전쟁에 대해서는 신이나 천사,
모두 똑같이 말씀하시죠.
'전쟁은 해서는 안 되지!'
신이 하시는 말씀은 매우 간단해요.

어쨌든 분명한 건 전쟁이 사라진다면
모두가 행복해질 수 있다는 거예요.

인간은 가면을 쓰고 있어요.

인간은 어떤 때이든 보이지 않는 가면을 쓰고 있어요.
좋은 의미로든, 나쁜 의미로든.

가면을 쓰는 것이 꼭 나쁘다고 할 수는 없지만
가면으로 가려진 사실은
언젠간 벗겨진다는 거죠.

인간은 상대를 보면서 자신에게 없는 걸 발견하면
그것을 갖고 싶어 가면을 씁니다.
하지만 그런 식으로 가면을 이용하면
결국 자신을 괴롭히게 될 뿐이지요.
그래서 그럴수록 더욱 가면으로 감추려고 해요.

좋은 일에 가면을 쓰는 것이야 상관없지만
안 좋은 일에 가면을 써서는 안 돼요!

절대 안 돼요!
자기 자신을 괴롭힐 뿐이니까요.

가면을 쓰지 않아도
지금 그대로의 당신을 봐주는 사람들은 꼭 있어요.
당신이 믿을 수 있는 사람에게는
조금씩이라도 가면을 쓴 자신이 아닌
진정한 당신을 보여주세요!

그러면 당신의 모습은 점점 빛나 보일 거예요.
당신은 민낯일 때 더 빛나니까요.

당신에게 소중한 사람은
당신을 소중하게 여기는 사람

당신에게 지금 가장 소중한 사람은 누구인가요?
지금 머리에 떠오르는 사람은 누구인가요?

그 사람은 분명
당신의 버팀목이 되어준 사람일 거예요!

그 사람도 분명 당신이 행복하기를 바라고 있을 거예요.
그 사람을 위하고 싶다면
우선 당신 스스로 먼저 행복해지세요!

아래에서 보면 오르막길, 위에서 보면 내리막길

밑에서 보면 힘든 오르막길…….
하지만 위에서 보면 너무나 쉬운 내리막길…….

우리 사람들도 마찬가지!

보는 각도가 바뀌면
전혀 다른 사람으로 보일지도 몰라요!
그러니 정말 그 사람에 대해 알고 싶으면
다른 각도에서도 그 사람을 봐야 해요.
그렇지 않으면 그 사람의 전부를 알 수 없어요.

행복은 정말 대단해요!

행복은 정말 대단해요!
행복한 얼굴의 원천이죠!

행복은 행복을 불러요.
행복은 보물이에요.
행복은 돈으로 살 수도 없어요!
행복은 인간만이 만들 수 있어요.
왜냐하면 행복은 자신이 만들어내는 것이니까요.

돈으로 살 수 있는 행복이라면
그건 진정한 행복이 아닐 거예요!
물론 이 세상은
돈으로 살 수 있는 게 많지만
미소를 돈으로 살 수 있을까요?
물론 자신이 사고 싶은 것을 살 수 있고,

행복해질 때도 있긴 하죠.
하지만 가장 행복한 것은
돈으로 살 수 없어요.

당신에게 가장 행복한 것은
무엇일까요?

최고의 행복은
당신의 삶 전체가 행복이에요.

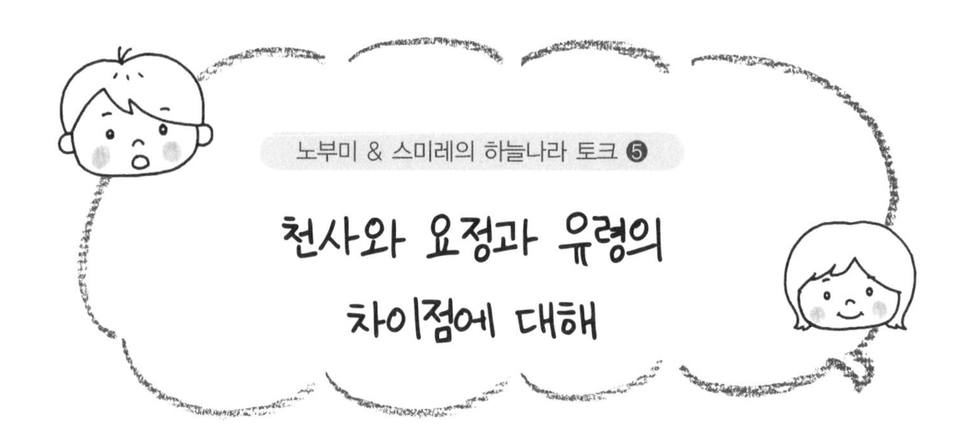

노부미 & 스미레의 하늘나라 토크 ⑤

천사와 요정과 유령의 차이점에 대해

마지막으로 많은 분들이 알듯 말듯하는 '천사'와 '요정', 그리고 '유령'의 차이점에 대해서 이야기해보도록 하겠습니다. 설마 대담 중에 진짜 요정이 나타날 줄은…….

노부미 스미레, 흔히 '천사'라든지 '요정'이라든지 '유령'이라고들 말하는데 이에 대한 차이점을 잘 모르겠어요. (웃음)

스미레 천사는 약간 신에 가까운 이미지예요. 인간의 마음을 지켜주죠. 그런데 요정은 인간들처럼 평범하게 지낸다고 볼 수 있어요.

노부미 누군가에게 들었던 거 같은데 우리 눈에 보이는 요정과 보이지 않는 요정이 있다던데요? 우선 보이는 요정은 어떻게 생겼을까요?

스미레 다양해요.

노부미 우리가 익히 아는 요정들처럼 모자를 쓰고 있고요?

스미레 그것도 요정마다 달라요. 그리고 성별도 있고요.

노부미 여자 요정은 어떻게 생겼나요?

스미레 진짜로 팅커벨처럼 생긴 요정도 있어요!

노부미 아~ 그럼 머리는 묶고 있나요?

스미레 묶고 있는 요정도 있고 그렇지 않은 요정도 있고 머리가 짧은 요정도 있어요. 파마를 한 요정도 있고요.

노부미 그럼 키는 어느 정도?

스미레 한 10센티 정도쯤이요?

노부미 얼굴은?

스미레 얼굴은 작아요.

노부미 그렇다면 체격은 큰가요?

스미레 크다기보다 정말 팅커벨에 가까워요. 더 통통한 요정들도 있지만요. 그리고 할머니, 할아버지 요정도 있고요. 요정은 아기들이 태어나서 처음으로 웃었을 때 만들어져요.

노부미 **우와, 정말 놀랍네요! 아기들이 웃는 것과 동시에 아기요정이 태어난다는 말이죠?**

스미레 아뇨, 요정에는 아기시절은 없어요. 요정이 된 순간부터 바로 젊은 요정이 되죠.

노부미 그렇군요! 그런데 요정이니까…… 날개는 당연히

있겠죠? 그런데 분위기로 봐선 아마 날개가 있기도 하고 없기도 하고 그런가 봐요?

스미레 날개는 모두에게 있어요!

노부미 조금 잔인한 얘기일 수도 있는데, 날개가 뽑혀버린 아이들도 있을까요?

스미레 날개는 아무리 잡아당겨도 안 뽑혀요.

노부미 요정의 날개는 엄청 쎄군요. 그리고 몸은 건강한가요? 어디 아픈 데는 없고요?

스미레 아플 때도 있죠. 열이 날 때도 있고 감기에도 걸려요.

노부미 몸이 그렇게 건강한 편은 아니네요. 이것저것 물어보고 있자니 점점 더 만나 보고 싶네요. 어디 가면 요정을 만날 수 있을까요?

스미레 어딜가나 있어요. 어머, 보세요. 지금 노부미 씨 어깨 위에도 있는데요. 여기 왔을 때부터 계속 있었어요.

노부미 엣! 그럼 먼저 얘기하지. (웃음)

스미레 방글방글 웃고 있네요.

노부미 어유, 귀여워! 혹시, 쪼그리고 앉아 있나요?

스미레 아뇨. 서 있어요. 날개도 있고요.

노부미 여자요정인가요, 남자요정인가요?

스미레 여자요.

노부미 무슨 말은 안 해요?

스미레 지금은 아무 말도 안 해요.

노부미 요정에게 뭔가 질문을 해 봐도 되나요?

스미레 좋아요.

노부미 요정님, 요정님 이름이 뭔가요?

스미레 대답을 안 하네요, 조금 부끄러워하는 거 같아요.

노부미 여자라서 그런가 봐요. 아이고, 너무 귀여워! 너무 이것저것 물어보지 않는 게 좋을 것 같긴 하지만 혹시 좋아하는 남자친구는 있대요?

스미레 없대요.

노부미 어? 부끄러워하면서도 대답해준 거예요?

스미레 다른 아이가 말해줬어요.

노부미 그 아이 이름은?

스미레 피어리

노부미 피어리! 귀여운 이름이네요! 내 그림책에 언젠가는 꼭 등장시켜야겠어요! 왠지 요정에 꼭 어울리는 이름인 거 같아요. 피어리의 머리스타일은 어때요?

스미레 머리스타일은 팅커벨처럼 당고머리를 하고 있어요. 이 아이가 아까 부끄러워했던 아이의 이름을 알려줬어요. 앵글이래요.

노부미 앵글이라, 그 이름도 너무 귀엽네요! 그런데 일본식 이름을 가진 요정은 없나요?

스미레 있어요! 예전에 유카라는 요정을 만난 적이 있어요.

노부미 **귀여워라! 일본 이름의 요정도 있다니 점점 흥미로운데요. 그럼 유령은 어떤 느낌인가요? 여기저기에 다 있나요?**

스미레 유령들한테 '유령'이라고 하면 다 싫어해요.

노부미 싫어한다고요? 갑자기 오싹해지네요. 그래도 난 아직 한 번밖에 말하지 않았으니 괜찮겠죠?

스미레 (웃음) 네, 괜찮아요. 하지만 유령들은 가장 최근까지도 사람이었기 때문에 갑자기 대놓고 죽은 사람 취급받는 게 싫은 거 같아요.

노부미 그럼, 뭐라 불러야 용서를 받을 수 있으려나……?

스미레 저는 '투명색 인간'이라고 불러요.

노부미 오케이. 그럼 나도 투명색 인간이라 부르기로 하지요! 그런데 그 투명색 인간들은 대개 무엇을 하고 지내나요?

스미레 묘지 사람들과 술을 마시거나 해요. 롯폰기 묘지 등에서 모여 술을 마시는 것을 자주 보았어요.

노부미 와! 신처럼 술고래들이네요!
아, 그러고 보니 내가 어렸을 때 살던 동네에 교회가 있었어요. 장례식이 있으면 매번 관 위에 흰 옷을 입은 사람이 올라 앉아 있는 느낌이 들었었거든요. 그게 바로 유령…… 아니 아니 그 투명색 인간들이었던 건가요.

스미레 네, 그리고 그들은 죽자마자 바로 자신의 장례식을 보러 오기도 해요.

노부미 그럼 반대로 보러 오지 않는 사람도 있다는 얘기인가요? 거기 가지 말고 '하와이나 갈까?'라는 느낌으로요? (웃음)

스미레 대부분은 보러 가지만 그걸 또 귀찮아 하기도 하거든요.

노부미 귀찮다고요? (웃음)
그런데 대부분이라 하면 어느 정도라고 할 수 있을까요?

스미레 음~ 70% 정도?

노부미 그럼 30%는 하와이에 가고(웃음), 남은 70%가 자신의 장례식에 가는군요. 자신의 관을 보며 무슨 생각을 할까요?

스미레 활짝 웃는 사람들이 꽤 있어요.
어? 이거 내 몸인데? 신기하네! 하면서요.

노부미 **혹시 이 녀석, 부의금을 안 냈잖아? 하는 사람도 있나요?**

스미레 그럼요, 전부 보고 있죠.

노부미 내가 어렸을 때 전철을 타고 있으면 그들도 전철을 타고 회사로 출근하는 것을 본 적이 있는데 그 사람은 혹시 자기가 죽었다는 것을 눈치채지 못한 걸까요?

스미레 맞아요, 그런 사람도 있을 거예요.

노부미 역시!

스미레 그렇게 눈치채지 못한 채 아는 사람에게 가서 '안녕하세요!' 인사를 건네기도 하죠.

노부미 하지만 반응은 없겠죠.

스미레 그러고 나서 날아다니거나 공중으로 떠오르거나 하면 자신이 죽었다는 사실을 알게 되는 경우가 많아요.

노부미 **그런데 자살한 사람들의 경우는 어떤가요? 흔히들 제대로 저승으로 가지 못하게 된다 하던데요…….**

스미레 꼭 그런 건 아니에요. 하지만 그 전에 '반성방'이라는 곳에 들어가야 해요.

노부미 반성방? 혹시 독방 같은 곳?

스미레 아-뇨, 완전 좋은 곳이에요!

노부미 완전 좋은 곳? 어떻길래요.

스미레 음, 뭐랄까, '반성'이라기보다 살아온 인생을 돌아보게 하는 방이라고나 할까요? 다시 말해 왜 '자살을 할 수밖에 없었나'를 생각하기보다 '다음 인생을 어떻게 살까'를 생각하게 하는 방이라고 할 수 있죠.

노부미 처음 들어보는 얘기네요! 그곳에서 며칠 정도 머무나요?

스미레 기간은 정해져 있지 않고 그 사람이 충분히 생각했다고 느껴질 때까지요.

노부미 자신이 OK 할 때까지란 말이죠. 그 방에는 자살한 사람만 들어갈 수 있나요?

스미레 네, 자살한 사람만 들어가요. 하지만 그 방에 들어갈지 말지는 본인이 결정하는 거예요.

노부미 그럼 들어가지 않으면 어떻게 되죠?

스미레 그냥 그대로 하늘나라로 올라가죠.

노부미 유령, 아니 투명색 인간의 세계도 꽤나 복잡하군요. 이렇게 짧은 시간 안에 다 들을 수는 없을 것 같네요……! (웃음) 스미레, 다음에 만나서 또 얘기하도록 하죠.

스미레 네, 좋아요.

* * *

초등학생이 하는 말이라서,

믿을 수 없는가?

* * *

아니

정말 중요한 것은

누가 말하느냐가 아니다.

무엇을

말하는가이다.

사람은 꽃이다.

사람은 꽃이에요.
사람이나 꽃이나 비슷한 점이 많아요.

신이 말한 대로 말하면
'인간은 꽃과 마찬가지다.
꽃은 새싹이 돋고, 꽃봉오리가 나오고, 피고, 진다.
인간도 목숨이 주어지면 태어나고, 성장하고, 죽는다.'

인간과 꽃은 태어날 때도 죽을 때도 같아요.
꽃은 우리에게 삶의 방식을 알려주는
선생님과도 같아요.

예를 들면 꽃은 피어 있을 때 굉장히 아름답죠.
이것도 인간에게 가르쳐주는 거예요.

어떤 말이냐면

“인간도 꽃들처럼 아름답게 꽃피우며 살아야 한다”

라는 의미겠죠.

그렇게 꽃은 우리들에게

여러 가지를 알려주고 있어요.

우리는 그 가르침대로 살면 돼요.

꽃을 피우세요.

아름답게 살아요.

선생님을 믿으세요.

사물에도 생명이 있어요.

모두 알고 있나요?
물건이나 옷에도
감정이 있고
마음이 있고
또 생명이 있다는 것을…….

사실은 사물들도 인간과 마찬가지로
많은 말을 해요.
정말 사람처럼 말을 해요.
비닐봉투 한 장도 이야기를 해요.
명품 쇼핑백은
자기가 '명품브랜드'라고 엄청 잘난 척을 하기도 하고요. (웃음)
사물들끼리도 서로 대화를 하죠.
그래서 집안은 늘 시끌벅쩍해요.

물건들과 옷들이 서로 막 떠들거든요.

그들은 노래도 해요.
언제 노래하냐면 물건이나 옷들의 생일날이죠.
여기서 그들의 생일이란
그 물건이나 옷이 만들어진 날이 아니라
그것을 쓰게 될 사람과 만나게 된 날을 말해요.
그들은 서로의 생일을
아주 잘 기억해요.
그러니 생일에 모두 모여 노래를 해요.

그래서 저는
그 물건이나 옷들의 기억력이 꽤 좋다고 생각해요. (웃음)
물건이나 옷들도 우리와 똑같이 생활을 하지요.
모두 모여 생일 축하를 하는 것도 우리들과 똑같고요.
모두 모여 이야기를 하는 것도 우리들과 똑같지 않나요?
물건이나 옷들 그리고 다른 가구들도
정말 우리들을 빼닮았네요!

컨디션에 따라 아우라의 색깔이 달라져요.

아우라는 사람에 따라 색이 다르답니다.
그리고 컨디션에 따라 아우라가 달라지기도 하지요.
예를 들면 매우 건강하고 즐겁고
기분이 설레고 하면
밝은 색이나 그 사람이 평소 좋아하던 색이 되거나,
아니면 아우라 빛깔이 반짝반짝 빛나기도 해요.

컨디션이 좋지 않을 때는
어두운 색으로 변하기도 하지요.

아우라의 색을 변하게 하는 것은
의외로 저렇게 단순한 거예요.

goal = start

골(goal)은 스타트(start)예요!

'골(goal)' 그것은 죽음이 다가올 때,
여기서는 인생의 끝을 골(goal)이라고 하죠.

스타트(start)는 태어나는 것,
살아 있는 중에는 골(goal)이란 없어요!

하나를 완수하고 나면
또 다른 일도 도전할 수 있어요!
우리가 살아가고 있는 동안에는 계속해서 스타트(start)!
죽음이 다가왔다는 것은
자신이 할 일은 모두 완수했다는 거예요.
죽음은 모두에게 필연인 것이죠.
우연히 죽는다는 건 없어요.

사고든 병으로든 모두가 필연적으로 죽게 됩니다.
그러니 죽는다는 것은
이미 그 사람은 해야 할 일을 모두 완수했다는 거예요.
그리고 그것이야말로 골(goal)이 된다는 거죠!

만약 주변의 누군가가 죽는다면
우선은 슬픔의 눈물을 흘려도 좋아요.
하지만 그에게 웃는 얼굴로
'수고하셨어요'라고 말해주세요.

"잘 먹겠습니다!"라고 말하기 전에 꼭 해야 할 말

저는 '잘 먹겠습니다'라고 말하기 전에
꼭 하는 말이 있어요.

그것은 바로
'신, 천사님, 부처님,
음식을 보내주셔서 감사합니다'라고 말하는 거죠.
그러고 나서야 '잘 먹겠습니다'를 말해요.

왜냐하면
우리가 먹을 수 있는 식재료 등은
모두 신들이 내려주신 것이기 때문이죠.
'잘 받았습니다'를 전하고
또 '감사합니다'를 말한답니다.

내일 죽어도 좋을 만큼 살아보세요.

'내일도 살아 있을 거야'라고
자신 있게 말할 수 있는 사람은 없을 거예요.

그러니 죽게 되더라도
후회 없이 웃으며 죽음을 맞이할 수 있도록 해요.

'아름다운 인생이었다'고
자신 있게 말할 수 있는 사람이 됩시다!

삶과 죽음만큼은 인생에서 한 번밖에 경험할 수 없어요.

삶과 죽음은 인간에게 있어서 배워야 할
가장 중요한 것이지요.
요컨대 한 번의 인생에서 삶과 죽음만큼은
한 번밖에 경험할 수 없기 때문이죠!

다른 일이야 몇 번이고 할 수 있지만
삶과 죽음은 단 한 번뿐이에요!

그래서 삶과 죽음은 인생의 시험입니다.

이 세상을 바꿀 수 있는 것은

이 세상을 좋은 곳으로 만들 것인지 나쁜 곳으로 만들지는
여러분 인간에게 달려있죠.

물론 신이나 천사들이 할 수는 있겠지만
지금 이 세상을 살아가고 있는 건
바로 여러분이니까요!
여러분의 세상이니만큼
여러분 스스로 결정하고 변화시켜 나가야 해요!

평화롭고 행복하게 살아가고 싶다면
그렇게 될 수 있도록
지금 할 수 있는 일을 찾아보세요.

신과 천사들도
평화나 행복에 대해서는 얼마든지 도와줄 거예요.

하지만 이 세상을 평화롭게 만드는 것은
신이나 천사들이 아닌 바로 여러분,

인간들이랍니다!!

신의 눈으로 본 스미레의 10년

여러분, 안녕하세요.
저는 일본에서 가장 높은 계급의 신입니다.
지금 저는 스미레의 몸 속에 있지요.

스미레의 몸을 이용해 지금 이
글을 쓰고 있습니다.
우리들은 언제나 스미레에게
감사하고 있어요.
우리들을 대신해서 여러 사람들
에게 많은 것을 전해주고 있지
요.

스미레가 태어났을 때 저는 스미레가 하늘나라에 대해 잘 기억하고 있을지 아직 우리들과 대화를 잘할 수 있을지 걱정하고 있었습니다.

그래서 저는 스미레에게 부탁했었거든요.

"네가 먼저 세상에 내려가서 대화창구를 만들어라"라고요.

그런 부탁을 했던 이유는 하늘 나라에서의 일을 잘 기억하고 있는 아이들이 앞으로 지구에 많이 태어날 것을 알고 있었기 때문이었습니다.
그래서 스미레가 그 토대를 만들어주기를 바란 것이죠.

그리고 스미레가 태어난 순간
저는 깨달았어요.
"이 아이는 제대로 알고 있
어"라고, 스미레의 눈을 본 순
간 알았어요.
그러고 나서는 정말 눈 깜짝할
사이였던 것 같네요.

스미레가 대화의 통로를 만들어 주고 나서는 아이들이 많은 이야기를 할 수 있게 되었습니다.

물론 이러한 일들을 믿지 않는 분들도 있을 거예요.

하지만 그렇더라도 괜찮아요.

믿어주는 분들이 계시다면 스미레가 하는 일을 응원해주세요.

잘 부탁드립니다.

엄마가 바라본 스미레의 10년

2007년 3월 5일 오전 1시 11분 예정일에 딱 맞추어 임신 40주 0일에 스미레는 태어났습니다.

스미레의 오빠인 첫아들을 출산 후, 궤양성 대장염이라는 병이 생겼는데 그 사실을 알면서도 출산을 감행하였음에도 무사히 3,576g의 건강한 아이를 낳게 되었습니다.

스미레는 신생아였을 때도 거의 우는 일도 없고 뭔가 원하는 게 있으면 "아앙"하고 알려주곤 했죠.

'첫아들 때와 달리 편하네'라고 생각하면서도 스미레가 걷기 시작하면서 벽이나 물건에 자주 부딪히게 되는 것 같더라고요. 걱정 끝에 병원을 찾았더니, 여러 가지 병명이 따라붙는 거예요. 이에 제가 내린 결론은 '지켜보자'였답니다.

그 이후로도 어딘가에 부딪히는 일은 계속되었지만 포동포동하고 잘 웃고 틈만 나면 노래를 불러대던 덕분에 많은 사람의 사랑을 받게 되었습니다.

'사람들의 사랑을 받는다는 게 이런 거구나'라는 것을 스미레를 통해서 알게 되면서, 저는 엄마로서 또 한 사람으로서 성장해 가는 중입니다.

하지만 이때만 해도 스미레에게 특별한 능력이 있다는 걸 생각도 못했지요.

스미레에게 특별한 능력이 있다는 것을 알게 된 것은 스미레가 7살이 되던 해입니다. 스미레를 데리고 참가했던 어느 토크쇼에서 어느 강사분의 이야기를 듣고 있는데 스미레가 살짝 말을 건넸습니다.

"엄마, 사람 아우라가 보이는 게 보통의 일은 아닌 거죠?"

그 일을 계기로 스미레는 태어났을 당시부터 신과 이야기하던 일, 우리들을 따뜻한 마음으로 지켜보고 있는 존재, 그리고 아우라가 보이는 일, 사물과 대화를 나누는 일 등 많은 것들을 알려주었습니다.

그러다 그때, 스미레가 어렸을 때 벽이나 물건에 자주 부딪혔던 것은 신과 투명색 인간을 피하려다 그랬다는 것을 알게 되었죠.

"어떻게 그렇게 굉장한 일을 비밀로 하려 했니?"라고 묻자 "엄마 내가 그동안 직접 말한 것은 아니지만 계속해서 알려주고 있었거든요"라며 오히려 화를 내더라고요.

그 이후로 저희 집에는 조금 이상한 세계의 이야기가 들려오기 시작했지요.

하지만 저희 집은 개방적인 분위기이기 때문에 스미레가 하는 어떤 말에도 부정하지 않고 때로는 진지하게 때로는 유쾌하게 들어주고 있답니다.

원래 저는 정신세계를 주제로 한 내용을 좋아해서 한때 그런 류의 책을 전부 읽었던 적이 있었죠.

하지만 매일같이 스미레의 이야기를 듣게 되면서 깨닫게 된 것이 있습니다. 그것은 저의 몇 배, 아니 몇 십 배 즉 스미레는 저보다 많은 것을 알고 있다는 것입니다. 아무것도 배우지 않은 불과 5세의 여자아이가…….

"엄마, 그거 아세요? 아우라와 차크라는 인간에게 꼭 필요하기 때문에 존재하는 거예요. 그래서 차크라는 뱅글뱅글 돌고 있는 거죠."

지식적으로야 알고 있던 것이지만 갑자기 스미레가 그렇게 말하는 순간 솔직히 저는 깜짝 놀랐어요.

그 이후로도 "어떻게 그런 일까지 알고 있니?"라고 묻는 일이 계속되었고, 신, 천사, 영혼, 아가들, 돌멩이들, 우주 등등 많은 일을 알려주었어요.

그리고 어느새 저는 '스미레의 엄마'에서 '스미레의 제자'가 되어버렸습니다. (웃음)

그런 사제관계가 어느 정도 계속되었지요.

"엄마, 이제 말해야 할 때예요. 모든 사람에게 전하고 싶어요"라고 스미레가 고백했습니다.

저희 집안의 기본적인 규칙이 있는데 위험한 일이 아닌 이상, 본인이 하고 싶은 일이 있으면 그것을 못하게 하지는 않습니다. 그러나 이번엔 달랐습니다.

저는 스미레보다 이 세상에서의 경험이 적지 않기 때문에 세상의 따스함뿐 아니라 힘든 일이나 무서운 일도 알고 있다 생각해요.

'어린 소녀가 신과 대화를 할 수 있다'고 말했을 때 세상의 반응을 걱정했던 겁니다.

이에 반대하는 저와 의지를 꺾지 않는 스미레와 평행선을 걸어갈 뿐이었죠.

"나는 사람들 앞에서 이것저것을 마구 말해 버리겠다는 게 아니에요. 신의 말씀을 전하고 싶을 뿐이라고요. 지금 그것을 전하지 않으면 안 된다고요." 큰소리로 엉엉 울며 졸라대는 스미레, 그 굳은 각오에 저는 지고 말았습니다. '단 한 사람이어도 스미레의 얘기를 듣고 위로를 받거나 힘이 나거나 살아갈 의지를 가질 수 있는 사람이 생겼으면 좋겠다'면서 저희 둘이서 활동을 시작하게 된 것입니다.

우선 블로그를 시작했습니다. 그곳을 방문하는 많은 분들의 응원에 힘입어 사람들 앞에서 말할 용기를 내게 된 것이죠.

마침 그때쯤 운 좋게 함께 이벤트를 해 주실 부부를 만나 조금씩이나마 활동의 영역을 넓혀 나갈 수 있게 되었습니다.

그리고 전환점이 있었는데 바로 영화 '신과의 약속'의 출연이었습니다. 이 영화의 감독이었던 오기쿠보 노리오 씨와의 인연으로 많은 사람들에게 알려지게 되고 그림책작가인 노부미 씨, 스피릿추얼 배우인 CHIE 씨, 태내기억연구의 일인자이시며 산부인과 이케가와클리닉 병원장님이기도 하신 이케가와 아키라 선생님과도 만나게 되었습니다.

많은 우연을 만나는 스미레를 보며 그저 놀라기만 하는 저를 아랑곳하지 않고 즐겁게 활동하는 스미레를 보며 역시 보통내기는 아니었구나 하고 생각할 뿐이었습니다.

어쨌든, 스미레의 엄마로서 많은 분들께 진심으로 감사의 마음을 전합니다. 앞으로 스미레가 어떤 방향으로 나갈 것인지에 대해 많이 물어보시는데 스미레가 말하기로는 최종적으로는 신과 함께 정한다고 하네요. 반드시 꼭 필요한 방향으로 가겠지요.

스미레의 응원단장으로서 어떤 길을 가더라도 계속 성원을 보내는 엄마가 되고 싶다고 간절히 바라고 있답니다.

– 스미레 엄마 '하뉴 유키'

지음 : 스미레(すみれ)

2007년생. 태어나자마자 바로 신이나 우리 눈에 보이지는 않지만 한 사람 한 사람을 지켜주고 있는 존재들과 대화가 가능한 스미레. 본서는 스미레의 첫 저서로, 초등학교 5학년생일 때의 이야기이며, 현재 스미레는 고등학교 1학년이다.

엄마 배 속으로 가기 전의 모든 일을 기억하고 있고 배 속의 아기들과도 대화를 할 수 있다. 2013년에 공개된 '태내기억'을 주제로 한 다큐멘터리영화 '신과의 약속(かみさまとのやくそく)'에 출연하여 전국의 엄마들 사이에서 큰 화제를 일으킨 초등학생이 되었다. 현재는 전국을 순회하며 양육문제로 고민하는 엄마들은 물론 일류기업의 사장들에게까지 행복을 전달하고 있는 중이다. 비정기적으로 개최하고 있는 토크쇼에서는 '그녀의 말 모든 것이 깊은 감동이 있다'며 매번 눈물 바람을 일으키기도 한다. 그리고 이 책이 첫 저서가 되었다.

좋아하는 음식은 피자(특히 마르게리타) 그리고 사실 공부와 운동은 소질이 없다.

그림 : 노부미(のぶみ)

1978년, 도쿄에서 태어나 현재 그림책 작가로 활동 중이다. 많은 사랑을 받은 그림책 『엄마가 유령이 되었어!』를 시작으로, 『내 머리 위의 신』, 『산타 수첩』, 『생명의 꽃』, 『신칸 군』 시리즈, 『나, 가면 라이더가 될 거야!』 시리즈 등 160편 이상의 그림책 작품을 발표했다. 2017년에는 엄마 배 속에서의 기억이 남아 있는 어린이 100명의 이야기를 듣고 만든 그림책 『내가 엄마를 골랐어!』를 출판하였고, TV방송을 비롯하여 많은 언론에서 다뤄지면서, 현재 8만 부를 돌파했다. 또한, NHK '엄마와 함께'에서는 〈겁쟁이 벌레 몬스터즈〉를, NHK '찾았다!'에서는 〈내 손으로 만든 그림책〉의 애니메이션을 담당했다.

옮김 : 이경진

서울에서 출생하여 대학에서 국문학을 전공하고 일본으로 건너가 대학에서 일본어학과 일본문화에 대해 수학했다. 이후 한국에 돌아와 초중등생을 위한 교육, 평생교육원 교육 그리고 다문화가족을 위한 교육 활동을 하였고, 20여 년간 틈틈이 다수의 번역활동을 하며 유·아동을 위한 동화읽기 작업을 하고 있다.

앞으로 그동안의 교육과 번역 활동을 기초로 유·아동 및 청소년의 참된 인성과 덕성을 갖춘 새로운 리더십을 배양하는 번역 및 저술 활동을 할 계획이다.

신은 초등학교 5학년

초판발행 2022년 11월 22일

지은이 스미레
그린이 노부미
옮긴이 이경진
펴낸이 안종만 · 안상준

편 집 박송이
기획/마케팅 송병민
표지디자인 BEN STORY
제 작 고철민 · 조영환

펴낸곳 (주) 박영사
서울특별시 금천구 가산디지털2로 53, 210호(가산동, 한라시그마밸리)
등록 1959.3.11. 제300-1959-1호(倫)
전 화 02)733-6771
f a x 02)736-4818
e-mail pys@pybook.co.kr
homepage www.pybook.co.kr
ISBN 979-11-303-1290-3 03590

*파본은 구입하신 곳에서 교환해 드립니다. 본서의 무단복제행위를 금합니다.
*역자와 협의하여 인지첩부를 생략합니다.
*이 책의 모든 내용은 과학적으로 증명된 것이 아니며, 원저자의 주관적인 경험 및
의견으로 출판사와 번역가는 일체의 관여 및 책임이 없음을 안내드립니다.

정 가 18,000원